한 권으로 끝내는

스마트팜 만들기

김정규 지음

한 권으로 끝내는

스마트팜 만들기

IoT를 활용한 스마트팜 DIY

플루토

저자의 말

대부분 '스마트팜'이라고 하면 혁신적이고 첨단화된 농업을 떠올린다. 농업은 인류 역사상 가장 오래된 산업이자 인류의 생존을 위해 꼭 필요한 산업이다. 이제는 첨단기술을 기반으로 혁신적인 산업으로 변화하고 있다.

인류는 그동안 몇 차례의 산업혁명을 거쳐오면서 농업 혁신을 이루었다. 1차 산업혁명은 증기기관의 발명에서 시작되었고, 화학비료가 개발되면서 식량 생산량이 획기적으로 늘어났다. 전기기술로 인한 2차 산업혁명은 늘어난 잉여 농업 생산물의 가공 기술과 저장 기술을 발전시켰다. 전자·IT 기술이 낳은 3차 산업혁명은 농산물 생산과 소비에서 기계화, 자동화, 정보화를 실현함으로써 농업의 가치를 향상시켰다. 마지막으로 IoT와 인공지능이 이끄는 지금의 4차 산업혁명의 중심에 바로 스마트팜이 있다. 즉 스마트팜은 현재 진행형이다.

스마트팜은 첨단기술을 토대로 미래 농업을 연결하는 핵심 키워드다. 생산, 유통, 가공 등 농업과 연결된 모든 분야에서 인공 재배와 로봇 활용, 무인화, 기후변화에 대응한 안정적인 생산, 기존의 농지에서 벗어난 농업 생산 공간의 확장, 농민과 생산의 개념 변화 등에 영향을 끼치고 있다.

스마트팜 기술 개발과 연구를 하다 보니 스마트팜에 관심 있는 학생과 일반인에게 강의와 교육을 하고 있다. 이렇게 만나는 사람 대부분은 단순한 호기심에서 출발해 본격적으로 스마트팜 관심을 가지게 되었거나, 여러 매체에 소개되고 있는 성공 사례에 자극받아 스마트팜을 시도했다. 그러나 작물 재배 기술만을 스마트팜이라고 인식하거나 스마트폰으로 농장의 시설을 작동, 관리하는 기술이 전부라고 생각하는 등 스마트팜에 관해 편향적으로만 이해하고 있었다. 스마트팜 관련 분야에 관한 전체적인 개념, IoT부터 빅데이터, 최종적으로 인공지능과 로봇으로 구현하고자 하는 기술의 단계, 사회 변화와 미래 농업의 관계성에 관해 종합적으로 이해하는 사람은 드물었다. 몇 가지 스마트팜 기술을 알고 있으니 스마트팜을 모두 이해하고 있는 것 같지만, 실제로는 제대로 알지 못하는 것이다.

《한 권으로 끝내는 스마트팜 만들기》에서는 스마트팜이라고 통칭하는 기술의 흐름과 중요성을 소개하고, 미래 농업이 어떻게 변화하며 농부는 어떤 역할을 하게 될지, 여기서 우리는 또 어떤 기회를 잡게 될지 보여주고자 한다. 또 현재와 같은 농업 방식에서 벗어나 기후위기에 대응하기 위해 해야 할 일이 무엇인지, 인구 감소와 농업 인구의 변화, 첨단기술이 보편화되고 있는 시대에서 스마트팜이 가진 장점과 문제점을 명확하게 알려주기 위해 노력했다.

스마트팜은 결국 인터넷을 기반으로 하여 데이터를 중심으로 작동되는 농업 시스템이다. 사물인터넷을 뜻하는 IoT의 개념과 네트워크, 데이터의 가치와 중요성, 스마트팜의 최종 기술 구현 단계인 인공지능에 대한 개념과 스마트팜에서 이용하는 인공지능 기술도 알아야 한다.

스마트팜 전문가가 되고 싶다면 스마트팜과 관련된 지식과 기술의 관계를 이해하고, 기초부터 차근차근 단계적으로 기술을 습득해야 한다. 이 책은 스마트팜을 처음 접하거나 스마트팜을 활용한 귀농·귀촌을 꿈꾸는 사람, 스마트팜 분야로의 진로를 고민하고 있는 사람들이 따라하면서 직접 스마트팜을 구축할 수 있도록 구성했다. 더불어 스마트팜은 작물을 키우는 일이므로 식물의 생장과 재배 환경을 어떻게 관리해야 할지 설명하고, 현재 스마트팜 농업에서 가장 널리 이루어지는 수경재배의 원리와 기법을 직접 활용할 수 있도록 했다.

경험이야말로 가장 좋은 선생님이라고 했다. 이 책에서 소개하는 마이크로 제어장치, 센서와 구동기기를 제어할 수 있는 부품을 스스로 조작하고, 프로그램을 따라해보면, 혼자서도 스마트팜을 구축할 수 있다는 자신감이 생길 것이다.

마지막으로 《한 권으로 끝내는 스마트팜 만들기》가 여러분의 스마트팜과 관련된 직업과 진로 선택에 도움이 되는 정보와 방향성을 제시해 스마트팜 분야의 전문가가 되는 계기가 될 수 있다면 글쓴이로서 큰 기쁨이다.

작은 호기심으로 스마트팜을 접하든 귀농·귀촌을 꿈꾸며 스마트팜을 접하든 이 책을 통해 성공적인 스마트팜 만들기를 기원한다.

차례

2장 스마트팜 작물 재배와 수경재배 52

4장 스마트팜의 미래와 진로 218

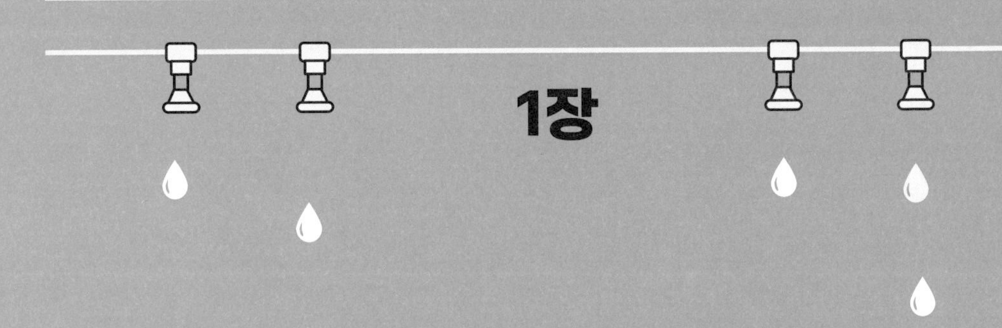

1장

초보 농부 스마트팜을 알게 되다

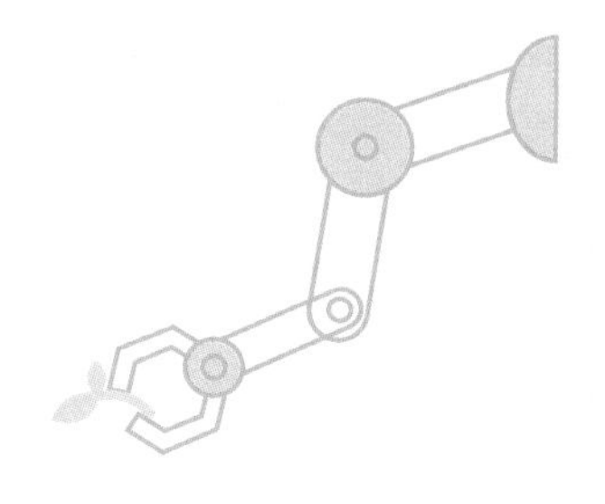

몇 년 전, 어느 강의에서 알게 된 초보 농부가 있다. 가끔 연락을 주고받던 그는 나에게 만나서 커피를 한잔하자고 했다. 카페에서 만난 초보 농부의 검게 그을린 얼굴을 보니 이제 어엿한 농사꾼이 다 되었다. '농작물보다 뽑아야 하는 잡초가 더 많다'며 귀농 생활이 생각보다 여유롭지 않은 듯 너스레를 떨었다.

그러다 초보 농부는 진지한 얼굴로 새로운 고민을 털어놓았다. 최근 자주 나오는 스마트팜smart farm 뉴스를 보면서 자신도 농장에 스마트팜을 설치해보면 어떨까 하는 생각이 들었다는 것이다. 그러더니 스마트팜이 자동화 기계인지, 스마트팜이 곧 수경재배인지 등 쉴 새 없이 질문하기 시작했다.

나는 쏟아지는 질문을 듣다가 초보 농부에게 스마트폰을 보여주며 설명했다. 스마트팜이 자동화 기계인가에 대한 답을 하기 위해서이다. 휴대전화와 스마트폰을 비교해보면 스마트팜을 쉽게 이해할 수 있다.

1990년대 등장한 초기 휴대전화는 통화와 문자가 기본이고, 사진도 찍을 수 있었지만 사진을 컴퓨터에 저장하거나 친구에게 보내려면 불편한 점이 많았다. 2007년 애플이 처음 대중적 스마트폰을 출시하면서 많은 것이 바뀌었다. 인터넷으로 이메일을 주고받거나 카카오톡 같은 메신저로 채팅은 물론이고 사진과 영상도 쉽게 보낼 수 있게 되었다. 스마트폰으로 다양한 일을 하듯 농장 관리나 작물 재배를 쉽고 편리하게 할 수 있도록 만든 것이 스마트팜이다. 스마트팜이 활용되기 전에도 자동화 기능을 갖춘 온실이나 농장이 있었다. 그러나 기능이 제한적이고 편리성 면에서 그다지 좋지 않았다. 점차 기술이 발전하면서 스마트팜은 인터넷을 통해 원격 작동, 모니터링, 작물 재배와 관련된 일들을 처리할 수 있도록 다양한 기능을 갖추어갔다.

스마트팜이 곧 수경재배냐는 초보 농부의 두 번째 질문에 대한 답은 이렇다. 수경재배는 스마트팜과 상관없이 인공 토양이나 물만으로 작물을 키우는 하나의 작물 재배 기법이자 방식이다. 스마트팜에서 시설재배나 수경재배를 많이 사용할 뿐이지, 스마트팜이 수경재배는 아니다.

초보 농부는 나의 답을 듣더니 관심은 있지만, IoT, 인공지능, 첨단온실 등 스마트팜과 관련된 내용이 너무 생소하고 어려워서 선뜻 도전해볼 용기가 나지 않는다고 했다. 요즘 스마트팜에 호기심과 관심을 가지는 사람이 늘고 있다. 뉴스나 유튜브 등에서도 스마트팜 이야기가 자주 나온다. 그런데 초보 농부처럼 스마트팜이 구체적으로 어떤 방식의 농사인지, 무엇을 배워야 하는지, 어떻게 운영하는지 찾아보기란 쉽지 않다.

1장에서는 스마트팜 입문자가 기본적으로 알아두어야 할 스마트팜의 구체적 기능, 스마트팜을 하기 위한 기본 조건, 필요한 인공지능 개념 등에 관해 살펴본다.

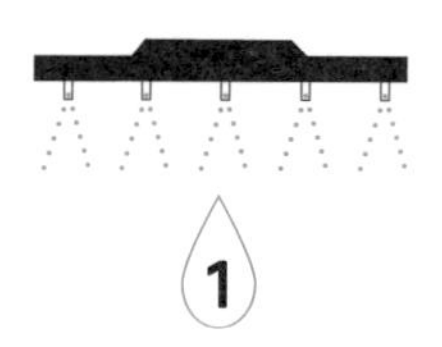

1 스마트팜이란 무엇일까

스마트팜의 정의

스마트팜은 원격제어를 할 수 있는 자동화 장치이자 수경재배도 할 수 있는 시스템이다. 인터넷과 연결해 원격으로 농장이나 온실의 시설을 작동시킬 수 있고, 온실에서 작물이 잘 자라도록 환경을 유지시키며, 어떤 재배 방식이든 물과 영양분을 알아서 공급해주는 전기·전자장치이다. 다시 말해 인터넷에 연결된 장치로 자동 또는 원격으로 작물의 생육 환경을 조절하고 관리할 수 있다면, 온실과 시설의 규모, 재배 방식과 상관없이 모두 스마트팜이다. 스마트팜을 자동 또는 원격으로 관리하는 기본 기기는 인터넷에 접속할 수 있는 컴퓨터, 노트북, 태블릿 PC, 스마트폰 등이다. 스마트폰만 가지고도 인터넷에 접속해 커다란 온실을 원격조정하거나 작물이 자랄 수 있는 환경을 설정할 수 있다.

우리나라 농림축산식품부에서는 스마트팜을 이렇게 정의한다.

첫째 비닐하우스·유리온실·축사 등과 같이 환경을 조절할 수 있는 공간이나 시설 등에 둘째 IoT, 빅데이터와 인공지능, 로봇 등 4차 산업혁명 기술을 접목해 사용하며, 셋째 작물과 가축의 생육 환경을 원격 또는 자동으로 적정하게 유지하고 관리할 수 있는 농장이다.

세 가지 정의를 바탕으로 다시 정리해보면, 스마트팜 공간이나 시설에는 작물이나 가축을 잘 키우기 위해 온도, 습도 같은 생육 환경을 조절할 수 있는 장치가 있어야 한다. 이런 장치는 인터넷과 작동 프로그램을 통해 원격 또는 자동으로 작동해야 한다. 그리고 이 같은 방식으로 작물의 생육 환경을 조절하고 유지할 수 있는 농장이다.

우리가 집에서 쾌적하고 건강하게 살기 위해서는 창문, 냉난방장치 등이 필요하다. 이런 장치를 사람이 직접 조작하는 것이 아니라 자동으로 조절하고, 집 밖에서도 원격으로 작동할 수 있는 시스템이 스마트홈smart home이다. 스마트팜을 스마트홈처럼 똑똑한 기능을 갖춘 식물의 집이라고 생각하면 된다. 다만 사람은 실내 환경이 좋지 않으면 스스로 창문을 여닫을 수 있지만, 작물이나 가축은 사람이 관찰하면서 환경을 조절해주어야 한다. 스마트팜은 이런 사람의 역할을 대신하는 일종의 시설이자 시스템이다.

스마트팜 시스템은 어떻게 구성될까? 작물 생육에 적합한 온실 같은 공간과 시설이 기본적으로 있어야 한다. 이 공간에는 IoT라는 사물인터넷Internet of Things 기반의 전기·전자장치가 필요하다. 그리고 스마트팜 운영자가 최소한의 온도와 습도, 빛, 공기 등을 조절해주는 장치를 제어할 수 있어야 한다. 또 이 장치를 작동하고 운영할 수 있는 컴퓨터와 프로그램(소프트웨어), 데이터를 저장하는 저장장치도 필요하다.

스마트팜은 오프라인이나 온라인 쇼핑몰에서 구입할 수 있는 획일화된 제품이 아니다. 온실과 실내 공간 등 재배하는 공간의 규모나 형태, 시설의 구성이 모두 다르기 때문이다. 사용자가 재배 공간에 맞춰 전문가에게 의뢰하거나 자신이 직접 장비를 주문 제작해 설치하는 맞춤형 시스템이다.

스마트팜 구축에서 가장 중요한 IoT

논이나 밭 같은 노지露地는 기상 변화에 대처하기 어렵다. 스마트팜은 기본적으로 비, 바람, 추위 등으로부터 작물을 보호하고, 재배 공간의 환경을 조절할 수 있는 시설이 있어야 한다. 또 재배 공간의 모든 장치는 전기로 작동되니 꼭 전기가 들어와야 한다. 농부가 장소와 시간에 구애받지 않고 스마트팜에 접근하기 위해서는 인터넷과 각종 장치가 인터넷에 접속할 수 있는 IoT 기능, 그리고 스마트폰 앱으로 조작할 수 있는 기능을 갖추어야 한다. 작물을 재배하는 공간의 환경을 언제, 어디서든 확인하고 제어하기 위해서다.

무엇보다 스마트팜을 구축할 때 가장 중요한 기능은 IoT다. 앞서 IoT를 사물인터넷이라고 했다. 사물인터넷이란 사물에 센서와 프로세서를 장착해 정보를 수집하고 제어, 관리할 수 있도록 인터넷으로 연결되어 있는 시스템을 말한다. 우리는 인터넷 공유기를 통해 노트북이나 스마트폰으로 Wi-Fi에 접속한다. 언제 어디서나 스피커, 프린터를 무선으로 사용할 수 있는 것은 IoT 기능 덕분이다.

스마트팜에서는 작물을 키운다. 시스템에 문제가 발생하거나 에러가 생길 경우 작물이 짧은 시간에 죽기도 하고 생육 상태가 나빠질 수도 있다. 따라서 문제가 생기면 인터넷을 통해 알림과 경고를 확실하게 받고, 수시로 온실을 체크해야 하므로 IoT 기능은 꼭 필요하다.

스마트팜에서 IoT 기능이 중요한 또 다른 이유가 있다. 작물 재배의 모든 데이터가 수시로 인터넷을 통해 집, 회사에 있는 컴퓨터나 클라우드에 전송되어야 하기 때문이다. 일정 기간 전송받은 데이터를 활용해 작물 재배 환경과 상태 변화를 점검하고, 모니터링하고, 분석해 더 나은 품질의 작물을 재배할 수 있다.

스마트팜에서 빅데이터, 인공지능, 로봇의 역할

IoT가 스마트팜의 필수 기능이라면 빅데이터와 인공지능은 부가 기능이다. 이 두 기능을 활용하면 최소한의 인원으로 작물을 재배할 수 있고, 생산성도 향상된다.

경험이 많은 농부들은 기상과 작물의 생육 상태를 눈으로 보고 물 주기, 비료 주기, 수확 시기 등을 단번에 알아낸다. 스마트팜에서 축적된 데이터로 만들어진 빅데이터는 이처럼 경험이 많은 농부의 역할을 대신할 수 있다. 또 빅데이터를 활용해 인공지능에게 학습을 시키면 온실 환경의 변화, 작물의 생육 상태에 영향을 주는 여러 요인을 스스로 판단한 뒤, 각 요인에 필요한 장치를 알아서 작동시킨다. 농부에게는 작물의 생육에 맞는 환경 조건을 알려주고, 언제 수확하면 좋을지 같은 의사결정을 할 때 최적의 해답을 주는 농업 전문가가 되어주기도 한다.

스마트팜에서 로봇은 어떤 역할을 할까? 인건비 상승과 일손 부족 문제는 농부들에게 큰 걱정거리이자 농산물 가격이 오르는 원인이다. 어떤 작물의 모종을 이식하는 단계에서 수확하는 단계까지 앞으로는 로봇이 사람이 하는 역할을 대신할 수 있다. 스마트팜 로봇은 식당에서 볼 수 있는 서빙이나 조리하는 로봇과 비슷하다.

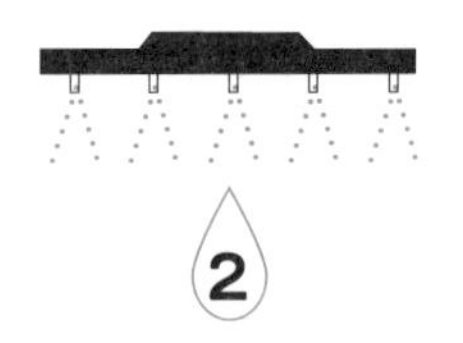

스마트팜이 필요한 이유

시간과 노력을 절약하는 스마트팜

노지에서 작물을 재배할 때는 강수량이 너무 많거나 일조량이 부족하거나 기온이 낮거나 높아서 잘 자라지 못하는 경우가 자주 생긴다. 그래서 제철 작물만 키워야 한다. 스마트팜은 이런 단점을 보완해준다. 온실은 많은 비와 강한 바람으로부터 작물을 보호해준다. 측면과 지붕의 창을 여닫아서 온도와 습도(온습도)를 조절하고 공기를 순환시켜 작물이 적절한 환경에서 자랄 수 있도록 해준다. 또 겨울에는 보온재, 여름에는 차광막을 사용해 적정한 온도를 유지하고, 온실의 온습도 차이가 생기지 않도록 팬을 가동해 공기를 골고루 흐르게 해줄 수도 있다.

스마트팜은 작물이 잘 자랄 수 있는 환경을 유지하는 데 필요한 모든 시설을 사람이 조작하지 않아도 알아서 작동시키고, 농부는 작물이 자라는 환경과 생육 상태 등을 스마트기기로 모니터링할 수 있다.

이처럼 스마트팜은 작물의 적절한 생육 환경을 유지할 수 있으므로 작물의 양과 질이 좋아진다. 아무리 식물을 좋아하는 사람이라도 계속 지켜보면서 작물이 잘 자랄 수 있는 조건과 환경을 조절하기는 어렵다. 이때 스마트팜이 사람을 대신해 온실의 생육 환경을 적정하게 유지해준다. 스마트폰으로 다양한 기능을 원격 작동할 수 있기 때문에 매번 농장에 갈 필요가 없으니 시간과 비용이 절약된다. 또 직접 온실 창문을 여닫아야 하는 번거로움이 줄면 다른 일에 시간을 사용할 수 있게 되어 노동시간이 줄고 편해진다.

기후변화와 이상기후를 극복하는 스마트팜

'농사는 하늘이 짓는다'는 말이 있다. 노지에서 자라는 작물은 기상과 환경 변화에 대응하기 어렵다. 작물이 잘 자랄 수 있는 기상과 환경이 유지되기를 바라는 게 최선이다.

최근 지구온난화의 영향으로 기상변화가 심해지고 있다. 작물은 충분한 광합성을 하기 어렵고, 온도가 너무 급격하게 변화함에 따라 생육이 느려지거나 각종 질병도 늘고 있다. 열매가 제대로 열리지 않는 등 생리장해가 발생하는 빈도 역시 늘고 있다. 노지에서 잘 자라는 작물이라도 여름철 집중호우와 폭염이 자주 발생하면 잘 자라지 못하고, 수확을 해도 상품성이 떨어진다. 스마트팜은 온실의 온습도와 일조량 등 센서 값의 조건에 따라 시설과 장치가 작동한다. 기상청의 기상 데이터와 스마트팜의 측정 데이터를 비교해 폭염과 폭우 같은 이상기후가 발생하기 전에 장치를 미리 작동시켜 작물의 생육 시기와 단계를 조절한다.

이처럼 스마트팜은 기후변화에도 작물에 적합한 기온과 습도, 일조량 등 작물의 생육 환경을 알맞게 유지해준다. 이에 따라 작물의 생산량과 상품성을 높이고, 계절에 상관없이 안정적으로 생산할 수 있다.

쓸 만한 데이터를 쌓아주는 스마트팜

데이터는 농사 기록이다. 작물 재배와 관련된 것을 빠짐없이 기록해두면 이후 농사에 큰 도움이 된다.

보통 스마트팜을 처음 운영하는 농부는 온실 환경과 광합성량, 영양분의 EC(농도) 값과 pH(산성, 중성, 알칼리성) 값, 영양생장과 생식생장 단계, 꽃이 피고 열매가 열리는 시기 등 작물이 가진 생육 데이터의 중요성을 잘 인식하지 못한다. 농사를 처음 짓거나 새로운 작물을 키우는 경우 수많은 시행착오를 겪는 게 당연하지만, 이에 대한 답을 찾지 못하면 계속 실패할 수밖에 없다.

스마트팜에서 축적된 데이터는 작물을 재배할 때 생기는 문제의 원인을 찾는 열쇠다. 데이터는 문제의 답을 찾아가는 실마리가 되며, 문제를 해결하면 작물 재배와 관리 레시피가 될 수 있다. 이 레시피는 다른 사람에게 돈을 받고 팔 수도 있다. 다만 아직까지 우리나라는 과학 영농과 관련된 공식 데이터 마켓 플랫폼이 활성화되지 않은 상태라 회사와 개인 간에 개별적으로 데이터 거래가 이뤄지고 있다. 농림수산식품교육문화정보원에서 운영하는 스마트팜코리아의 스마트팜 데이터마트(data.smartfarmkorea.net)에 들어가면 스마트팜에 필요한 환경, 작물 재배 빅데이터를 찾을 수 있다.

데이터가 계속 쌓여서 빅데이터만큼 정보량이 늘면 인공지능을 이용해 복합적인 분석과 판단, 예측을 할 수 있다. 그러면 스마트팜에서 작물의 생육을 위한 최적의 온실 환경을 제어하고, 영양분을 공급할 수 있게 된다. 이때 인공지능은 로봇에 달린 카메라로 작물의 잎이나 줄기, 열매 등을 인식해 수확해도 될 열매를 찾아 수확 시기를 판단하거나, 작물의 잎과 열매 상태를 측정해 질병이 생겼는지, 생육이 잘 되고 있는지를 파악해 영양분의 양과 공급 주기를 조절하도록 돕는다.

이렇게 축적된 데이터를 가지고 온실의 환경과 작물의 생육을 정밀하게 조절할 수 있으니 과학적인 농업이 이뤄진다. 빅데이터가 인공지능 기술과 접목되면 농민의 판단 없이도 스스로 조절, 제어할 수 있으므로 앞으로는 완전한 무인 농장도 운영할 수 있다.

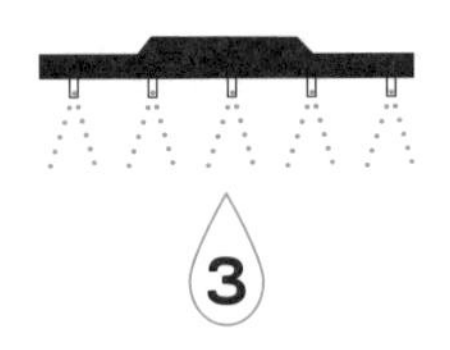

세상이 바뀌면 스마트팜은 더 많이 바뀐다

농업 환경의 변화

농업 환경이 변화하는 주요 요인은 기후변화와 인구 감소다. 초보 농부가 스마트팜을 도입할까 고민하는 중요한 이유는 기후변화로 인해 전 세계적으로 농산물 가격이 오르고 있기 때문이다. 기후변화가 지속되면 현재와 같은 농법은 점차 사라지거나 아열대 작물을 재배하는 방식으로 전환될 것이다. 또 기후변화에 맞는 품종의 개발과 재배가 일반화될 것이다. 앞으로 자연스럽게 스마트팜은 확대될 수밖에 없다.

스마트팜은 생육 환경을 유지할 수 있는 최상의 시설이다. 기후변화에 따라 늘어나는 질병과 병해충 피해를 방지하기 위해서도 필요하다. 또 기후변화가 지속되면 일조 시간이 부족해지고, 고온다습한 기간은 늘어날 것이다. 급격한 일교차 때문에 생리장해가 늘어날 것이라는 예측도 스마트팜이 확대된다고 예상하는 이유 가운데 하나다. 결국 작물의 수량과 품질을 유지하려면 작물 생육 보조 장치와 시설의 도입이 늘어날 텐데, 그것이 스마트팜이다.

농촌 인구의 고령화와 인구 감소에서 가장 중요한 포인트는 두 가지다. 하나는 농촌 일손 확보, 다른 하나는 농산물 수요가 줄어드는 데 따른 생산량 감소에 대비한 농업 경영 방식의 변화다. 농촌 일손을 확보하는 방식은 농업기계의 스마트화(자율주행)와 대규모 경작이다. 또 인공지능과 로봇에 의한 수요 맞춤형 스마트팜으로 생산량과 수요에 대처할 것이다.

스마트팜은 어떤 방식으로 진화할까

스마트팜은 점차 농업과 농산물의 경계를 벗어나 장소와 공간, 재배 방식의 제약을 받지 않고 작물을 생산해 바로 소비하는 형태가 될 것이다. 전문가들은 농업과 농촌이라는 경계가 허물어지면서 건물식 농장 형태로 진화할 것이라고 예상한다.

장소와 공간의 제약이 없다는 것은 인구 밀도가 높은 지역의 건축물이나 시설의 지하, 옥상, 실내 등에서 작물을 재배하는 식물공장이나 컨테이너형 스마트팜 같은 형태로 바뀐다는 말이다. 소비자는 이런 공간에서 필요한 작물을 구입하거나 식당 등에서 소비하게 된다. 농지에서 전기를 사용해 운영하는 스마트팜보다 실내 공간에서 인공광원을 이용해 운영하여 에너지 비용을 낮출 수 있다면 상대적으로 경제성이 높다. 그러면 이 같은 변화는 더 빨라진다.

또는 기업형 스마트팜(식품업체 등)이 출현할 수도 있고, 소규모 스마트팜을 소유, 운영하면서 겸업을 하는 농민이 나올 수도 있다. 스마트팜 작물 재배에 필요한 로봇이나 로봇 팔이 저렴해진다면 무인 스마트팜 농장이 일반 가정집 주변에 만들어질 수 있다.

스마트팜 관련 기술 개발

각종 산업 분야의 기술이 지속적으로 발전하자 스마트팜 관련 기술도 함께 발전하고 있다. 현재 주목받는 스마트팜 관련 기술은 에너지 분야, 인공 태양 및 빛 관련 기술, 바이오 관련 기술이다.

에너지 분야의 핵심 기술은 인공광(조명기구 등이 인공적으로 만든 빛)이다. 에너지 소모량이 낮고 오래 사용할 수 있는 인공광이 개발되면 장소와 공간, 재배 공간의 규모에 제약을 받지 않아도 된다. 제약이 사라지면 실내형 스마트팜 시대가 앞당겨질 것이다.

이산화탄소와 전기, 물을 아세테이트로 변환하는 인공 광합성 기술은 빛이 없어도 식물이 자라게 할 수 있다. 이 기술이 보편화되면 빛의 제약에 벗어난 다양한 방식의 스마트팜이 나올 것이다. 또 바이오 분야에서 건강한 식물체 번식, 부가가치가 높은 식물체를 대량생산할 수 있는 조직 배양 기술이 발전할 경우 필요한 작물 부위만 집중 생산하는 스마트팜을 운영할 수 있다.

4

스마트팜을 운영하기 위한 준비

스마트팜을 처음 도입하는 사람들에게 제일 필요한 것은 무엇일까?

스마트팜은 사람 대신 작물이 사는 집과 같다. 새 집을 설계할 때는 가족 구성원의 수와 특성에 따라 집의 위치와 규모, 구성이 달라진다. 먼저 스마트팜을 설치하고 운영할 장소의 장단점을 신중하게 고려해본 다음 장소를 선택한다.

스마트팜을 설치할 장소를 선택하고 나면 스마트팜에서 키울 작물의 생장 원리와 특징, 재배 방법부터 공부하고, 그 작물에 맞는 재배 방식과 기법을 선택한다. 마지막으로 집에 꼭 필요한 공간과 각종 가구를 결정할 때처럼 재배 공간의 구조, 방식, 시설 등을 충분히 이해한 다음 작물 재배 공간을 설치한다.

원격 또는 자동관수, 비가림 시설 등을 갖춘 노지형 원격제어 장치와 시스템도 스마트팜이라고 한다. 그러나 엄밀하게 말해 작물 생육에 필요한 환경을 적정하게 제어하고 유지할 수 있는 온실 같은 작물 재배 공간이 있어야 스마트팜이라고 할 수 있다.

혼자 집을 짓는 사람들처럼 스마트팜을 혼자서 직접 만드는 방법에 관심 있다면 3장에 나오는 기본적인 스마트팜 구축 방법을 참고한다.

스마트팜에 적합한 작물과 수익성이 높은 작물 선택

스마트팜을 해보겠다고 마음먹은 농부라면 적어도 앞으로 유행할 전 세계의 다양한 작물을 검색하고 정보를 수집하는 노력은 해야 한다.

일반적으로 스마트팜에 적합한 작물이 따로 있는 건 아니다. 우리나라 스마트팜에서는 주로 상추, 양배추 같은 엽채류와 토마토, 딸기 같은 과채류를 많이 재배하고 있다. 스마트팜을 준비하는 과정에서는 무엇보다 작물 선택에 많은 시간을 투자해야 한다. 어떤 작물을 재배하느냐에 따라 온실(작물 재배 공간)의 규모, 구조와 형태, 스마트팜 시스템의 기능과 사양, 작물 재배 방법, 수익이 달라지기 때문이다. 스마트팜은 맞춤형 시스템이다. 중간에 재배 작물을 바꿀 경우 추가 비용이 들고, 시설물을 교체해야 할 수도 있다는 점을 명심한다.

스마트팜에서 수익을 많이 내는 작물에 관한 정답은 없다. 작물을 선택할 때는 먼저 작물마다 투입되는 경영비, 노동비, 용역비 등을 항목별로 조목조목 따져서 예상 총수입을 계산한다. 한 번도 농사를 해본 경험이 없는 사람은 농촌진흥청 농업경영종합정보시스템(amis.rda.go.kr)의 농산물 소득자료집 조회 항목에 들어가 작물별 예상 지출과 수입을 참고한다. 이 자료에서 노지포도와 시설포도를 살펴보면 10헥타르당 생산량은 시설포도가 약간 높고, 소득도 시설포도가 높았다. 그러나 시설포도의 경영비가 더 많이 들었으므로 실제 소득률은 시설이 60.1퍼센트, 노지가 62.2퍼센트로 나타났다. 스마트팜을 포함한 시설재배가 반드시 고소득을 보장하지 않는다는 것을 알 수 있다. 그래서 정부기관에서 제공하는 자료를 꼼꼼히 살펴봐야 한다.

농촌진흥청 농사로(nongsaro.go.kr)의 농업경영 → 농산물소득정보 항목도 좋은 참고자료다. 연도 및 시도별로 식량 작물, 채소, 과수, 화훼, 특용 및 약용 작물의 세부 작물을 선택하면, 생산에 필요한 종자비, 비료비, 농약, 광열비, 임차료, 노동비와 소득, 소득률 등을 세부적으로 확인할 수 있다.

이 밖에도 농촌진흥청 똑똑!청년농부(rda.go.kr/young/index.do)의 경영모의계산, 한국농수산식품유통공사의 농산물유통 종합정보시스템(농넷, nongnet.or.kr)에서 작물별 도소매 가격, 소비트렌드 정보를 확인할 수 있다. 농촌진흥청 농사로에서 농자재, 영농기술, 농업경영 관련 정보를 즐겨찾기 해놓고, 필요할 때마다 정보를 찾아보는 습관을 들이면 좋다.

2023년에 일어난 샤인머스켓 사태는 작물을 선택할 때 왜 사전 학습과 정보 습득이 필요한지 중요한 교훈을 준다. 우리나라에서 샤인머스켓 수요가 늘자 재배 면적이 확 늘어났다. 여기에 농부들이 더 나은 가격을 받겠다며 너도나도 조기 수확을 하면서 품질이 낮아지고, 가격은 오히려 하락했다. 농산물 수요에도 트렌드가 있고, 어떤 작물이 유행하는 시기에는 수요와 공급량에 따라 가격이 급변한다. 따라서 유행성이 높은 작물은 위험성을 충분히 고려하는 것은 물론이고, 작물의 수요와 트렌드가 어떻게 변화하는지에 관해 정부기관에서 제공하는 정보를 계속 확인해야 한다.

꾸준한 수요가 있는 일반 작물도 생산과 유통 과정에서 도매시장의 공급량이 증가하면 가격이 폭락하기 쉽다. 스마트팜을 시작하기 전에 생산품을 어떻게 판매하고 유통할지 그 계획과 방법을 미리 준비해야 한다. 직거래, 온라인 판매 등 다양한 채널의 유통경로를 알아보고 확보해둔다.

간혹 특정 작물을 권하는 사람이나 수익성이 높다고 홍보하는 작물이 있다. 샤인머스켓처럼 유행이 빠르게 소멸하거나 재배 농가가 폭발적으로 증가하면 손실이 발생한다. 실제 수익성이 높은 작물일수록 다른 사람에게 쉽게 재배 기술을 공개하지 않는다는 점을 명심한다.

작물 재배 공부는 기본 중 기본

스마트팜은 작물 재배를 위한 하나의 방법이자 도구일 뿐이다. 농부라면 스마트팜과 관계없이 일반적인 식물의 생장 과정과 원리 먼저 공부해야 한다. 어떤 작물이든 식물의 기본 생장 과정에서 벗어나지 않기 때문이다.

식물은 종자에서 씨앗이 발아해 싹이 난다. 싹에서 잎, 줄기, 뿌리가 성장(영양생장)하고, 꽃이 피고 열매를 맺는 단계(생식생장)를 거친다. 사람이 필요한 잎이나 열매, 줄기, 뿌리를 수확하기 적당한 상태로 만들어 수확하는 것이 작물 재배다.

식물의 성장 과정은 한 사람이 성장하는 과정과 비슷하다. 사람은 음식을 먹고 호흡과 수면 활동을 통해 성장한다. 식물은 뿌리로부터 물과 영양분을 흡수하고, 광합성과 호흡작용을 하면서 뿌리와 줄기가 성장하고 열매를 맺는다. 식물의 구조와 각 구조의 역할, 생장 과정과 단계, 에너지 생성과 소모 등의 일반적 생장 원리는 2장에서 자세히 알아보겠다.

사람마다 체형, 식사량과 운동량이 다르듯이 작물마다 생장하는 과정과 좋아하는 환경이 다르다. 작물별 온습도, 빛, 공기, 물과 영양분 공급 등에 관한 지식을 농업 관련 사이트를 활용해 학습한다. 작물별 생리·생태 특성, 품종, 재배 기술, 장애 및 방제 관련 정보는 농촌진흥청 국립원예특작과학원(nihhs.go.kr)의 기술활용 → 작목기술정보 항목에 잘 정리되어 있다. 채소, 과수, 화훼, 특용작물, 작물보호 분류에 들어가면 세부 작물의 모든 재배 정보를 찾아볼 수 있다.

식물이나 작물 재배를 한 번도 해본 적이 없는 사람은 정부기관과 공공기관에서 운영하는 식물(원예 등) 재배에 관한 실습 교육을 받는다. 이와 함께 집에서 상추나 토마토 등을 키워보면서 식물의 생장과 생리에 관해 직접 경험하는 것도 좋은 방법이다.

최신 스마트팜에서의 온실 환경 설정, 수경재배 같은 재배 방식의 특징, 원리, 장단점 등 스마트팜에서 전반적인 작물 재배와 관련된 기법과 기술은 스마트팜코리아를 참고한다.

재배 방식과 시설에서 사용하는 농자재와 부자재의 명칭을 잘 모르는 사람도 많다. 이런 정보는 농촌진흥청 농사로에 잘 정리되어 있다. 영농기술 → 영농활용정보→ 농업기술길잡이 항목으로 들어가면 찾을 수 있다. 시설원예 관련 명칭, 작물별 재배법, 수확 및 관리, 에너지절감 방법 등을 알려준다.

스마트팜을 설치할 장소와 공간 선택

스마트팜은 그동안 설치하는 데 제약이 많았다. 컨테이너나 식물공장 형태의 작물 재배 공간(스마트팜)은 농지 전용 허가를 받아야 했다. 또 정부에서 규정한 비닐 등 비목재 이외의 재질을 사용한 수직형 식물공장, 수경재배나 첨단 스마트팜 시설에 깐 콘크리트 바닥은 불법으로 간주되었다. 다시 말해 첨단화된 스마트팜 구조와 시설은 농지법이나 기타 토지 관련 법령에 따라 허가를 받지 못해왔다.

이런 규제는 스마트팜 확대와 스마트팜 산업의 발전을 가로막는 요인이었다. 그런데 최근 관련 법령이 개정되었다. 다양한 스마트팜 기술의 발전과 관련된 사항들이 허용되고, 새 규정이 만들어진 덕분에 장소와 공간의 제약은 어느 정도 해소되었다. 농지법 제36조 개정안이 그렇다. 2024년 7월 3일부터 '가설건축물 형태의 스마트 작물재배사'와 같이 농지를 다른 용도로 일시 사용할 수 있는 조항이 포함되었다. 이에 따라 농지에 가설건축물 형태로 스마트팜 농장을 쉽게 설치할 수 있게 되었다. 또 2024년 7월 26일부터 시행된 '스마트농업 육성 및 지원에 관한 법률 시행령'에는 스마트농업 지원센터 및 스마트농업 전문기업, 국가기술자격에 관한 사항을 규정했다. 수직농장도 산업단지에 들어갈 수 있으며, 농업경영체 등록도 허용되었다.

그러나 여전히 한계는 있다. 농지법에서는 임대의 경우 임대차 기간을 3년 이상으로 정해두었다. 따라서 계약 기간이 짧거나 임대차 갱신이 되지 않으면 스마트팜을 위한 온실과 스마트팜 투자비를 잃을 수 있으며, 임대인과 분쟁이 발생할 수 있다.

법령에서 정한 입지 조건 말고도 스마트팜 장소를 선택할 때는 집중호우나 강풍 피해가 적은 지역인지, 작물 재배에 필요한 물(강 또는 지하수)이 안정적으로 공급되는 곳인지, 스마트팜 시설을 가동할 수 있는 전기와 인터넷이 잘 공급되는 곳인지 등 세세하게 환경을 종합적으로 체크한다. 임대한 농지는 지하수를 파는 비용, 전기 인입 공사 비용 등을 임대인과 사전에 협의해두어야 불필요한 투자를 최대한 줄이고, 갈등이나 마찰도 줄일 수 있다.

스마트팜을 선택할 때 피해야 할 장소도 알아둔다. 빛 투과를 방해하는 요소나 오염원이 주변에 있는 장소는 최대한 피한다. 먼지나 나뭇잎이 많으면 빛이 잘 들어오지 않을 수 있으며, 오염원에 의해 피복재가 오염되면 교체 주기가 빨라질 수 있다. 인접 농지에 사과나무, 벚나무 등 해충이 많이 발생하는 작물이 있거나, 물안개가 자주 발생하는 호수가 인접한 지역은 유의한다. 또 유해조

스마트팜 입지 조건 체크리스트

구분	조건	내용	참고
자연 환경	지반	토양 유실이 적고 지반이 견고한 곳	산사태 등 고려
	배수	장마 기간이나 집중호우가 내렸을 때 배수가 잘되는 곳	충분한 배수로 확보
	바람	겨울철 바람이 적은 곳	방풍림 설치로 보완
	습도	여름철 습도가 높지 않은 곳	
입지 특성	도로	시설 설치 및 운송을 위한 차로가 확보된 곳	
	일조	주변 시설물, 수목에 의한 일조 장애가 없는 곳	
	공기 유동	주변 시설물, 수목에 의해 바람이 잘 통하는 곳	
	용수 확보	강이나 지하수로부터 용수 확보가 쉬운 곳	지하수 염분 주의
	안개 등	댐이나 하천이 가까워서 안개가 자주 발생하는 곳 피함	과습과 전기 합선
인접 환경	빛 투과	먼지나 낙엽이 온실 피복에 쌓일 수 있는 곳 피함	피복재 오염 증가
	해충 발생	인접 농지 또는 수목에 해충이 자주 발생하는 곳 피함	외부 해충 지속 유입
	인접 농지	해충이 자주 발생해 방제가 많은 곳 피함	농약 등 유입 우려
		조류 등의 먹이가 되는 농작물 지역 피함	조류가 피복재 파손
시설 환경	전기 인입	전봇대가 멀리 있거나 추가 전기 공사는 비용 증가	
	인터넷	통신사에 따라 인터넷 설치가 되는 지역인지 확인	
	보안	유해조수가 자주 출몰하는 지역은 피함	온실 파손 위험 높음
	태양광 설치	태양광발전을 하기 쉬워서 자체 전력 공급이 가능한 지역인지 확인	정전 시 효과 높음

수가 자주 나타나는 지역은 온실 시설이 파손될 수 있다.

스마트팜 온실을 직접 설계하는 법

일반인은 온실에 관한 전문 지식도, 온실을 접해본 경험도 많이 없는 게 당연하다. 그래서 처음 스마트팜 비닐하우스 온실을 설치할 때 업체에 문의하거나 의뢰하는 경우가 많다. 업체에 맡길 때 본인이 스마트팜에 관한 지식과 정보가 너무 부족하면 업체에 의견을 제시하는 건 고사하고 제대로 된 질문도 못 할 때가 많다.

이런 상황에서 활용할 수 있는 방법이 있다. 온실 표준설계도를 사용하거나 설계 프로그램을 이용해 직접 설계하는 방법이다. 온실 표준설계도는 내재해형 규격으로 대설이나 강풍에도 견딜 수 있도록 되어 있는 설계도이고, 설계 프로그램은 자신이 원하는 온실의 높이, 구조재의 간격 등을 설계도에 직접 입력할 수 있는 컴퓨터 프로그램이다.

내재해형 표준설계도는 농촌진흥청 농사로의 농업자재 → 내재해형 등록시설 설계에서 내재해형 시설규격과 내재해형 등록시설 게시판을 참고한다. 단동과 연동, 폭과 측고에 따라 설계도가 구분되어 있으니 설치하고 싶은 유형의 설계도를 찾아본다.

설계 프로그램은 농사로의 농업자재 → 시설설계도(참고용) 항목에 들어가면 프로그램을 다운받아 설치할 수 있다. 이 프로그램에 온실 관련 규격을 입력하면 3차원으로 볼 수 있다는 장점이 있다. 설계 프로그램을 이용할 때는 농업자재 → 내재해형 등록시설 설계 → 내재해형 시설규격 항목에서 원예특작시설 내재해형 규격 설계도 및 시방서 자료를 먼저 살펴보는 것이 좋다. 이 자료에는 비닐하우스 온실의 자재 이름과 규격, 폭, 높이, 간격 등이 상세하게 기술되어 있다.

온실을 설계하고 시공할 때는 내재해형 설계도와 시방서대로 해야 한다. 기상재해 등으로 피해를 입었을 때 재해복구자금, 농업종합자금 등을 국가로부터 지원받을 수 있기 때문이다. 참고로 시방서란 공사할 때 일정한 순서를 적은 문서다. 시방서에는 공사에 필요한 재료의 종류와 품질, 사용처, 시공 방법, 제품의 납기, 준공 기일 등 설계 도면에 적기 어려운 사항을 명확하게 기록한다.

2024년 11월, 첫눈이 폭설이 되면서 많은 비닐하우스 온실이 무너졌다. 비닐하우스를 설치할 때 재해를 겪는 중에도 견딜 수 있는 내재해형 구조와 자재를 사용하지 않았기 때문이다. 이런 재해는 예상하기 어려우므로 대설이나 강풍에 의해 피해가 발생해도 보상을 받을 수 있도록 사전에 준비해야 한다. 즉 스마트팜을 구축하기 전에 대설이나 강풍 등 자연재해를 대비하기 위한 풍수해보험에 꼭 가입한다. 풍수해보험은 국가와 지자체에서 보험료를 70~100퍼센트까지 지원한다.

스마트팜 시스템 구축에 필요한 요소

스마트팜 시스템은 작물 재배 환경을 자동 또는 원격제어할 수 있는 전기·전자장치나 컴퓨터 시스템을 활용해 온실의 모든 것을 제어한다. 제어하는 방식과 기능, 센서의 수와 설치 위치에 따라 정밀 제어, 관리에 드는 노력, 설치 비용 등이 달라질 수 있으므로 다음 요소들을 고려해야 한다.

첫째 온실이 단동인 경우는 상관없다. 그러나 연동이나 여러 동이 배치된 스마트팜은 전체 온실 또는 개별 온실을 어떤 방식으로 제어할 것인가에 따라

시스템 제어 방식

구분	방식	예시
단순 제어	환경 요인 가운데 한 가지에 대응해 제어	설정 온도 → 측창, 팬 작동
복합 환경 제어	한 가지 이상의 환경 요인에 대응해 복합적 판단 제어	일조량, 온도 → 측창, 차광막 작동
일괄 제어	한 개의 시스템이 전체를 제어	설정 조건 → 전체 온실 일괄 작동
구간 제어	한 개의 시스템이 다수의 온실 그룹(공간) 제어	설정 조건 → 온실 1, 온실 2 작동
단동 분산 제어	각 온실에 설치한 개별 제어시스템에 의해 제어	각 온실별 단순 제어 또는 복합 환경 제어
조작부	터치스크린, 버튼, 스위치 등 조작 방식	터치스크린과 버튼 조합형 권장

스마트팜의 설치비, 편리성, 적절한 환경 유지 조건이 달라질 수 있다. 원격 기능 위주로 스마트팜을 구축한다면 단순 환경 제어가 적절하고, 다양한 온실 환경 변화에 능동적으로 대처하려면 복합 환경 제어가 적절하다. 보통 구간 제어와 분산 제어를 조합한 방식을 추천한다. 시스템의 유지 관리, 작물 생장 특성에 따른 맞춤 제어에 유리하기 때문이다.

둘째 센서의 수와 위치를 고려한다. 온습도, 여러 기상기후 등 작물의 생육 환경과 관련된 요소를 측정하는 데 가장 중요한 장치는 센서다. 센서의 수와 종류가 많을수록 측정과 제어가 정밀해진다. 단 센서 수만큼 설치비도 증가하므로 적절한 배치 계획을 세워야 한다.

센서 종류와 작동 방식

구분	내용	참고
실내 센서	온습도, 일조, CO_2, 풍속, PPFD 등	센서 숫자가 많을수록 정밀
실외 센서	풍속, 풍향, 일조량, 온습도, 강우 등	야외 설치용이므로 방수, 방우 고려
양액 센서	pH, EC, 유량, 수위 등	주기적으로 청소와 보정 필요
통신 모듈	1(센서):1(통신 모듈), N:1(분산형), N:1(통합형)	분산형이 정밀도와 제어에 유리
통신 방식	무선방식(무선주파수, Wi-Fi 등), 유선방식(LAN 등)	랜선은 시공이 불편하고 복잡

하나의 통신 모듈에 여러 개의 센서를 연결해 제어장치 또는 제어시스템으로 데이터를 전송하는 방식이 관리하기 쉽다. 저렴하다는 장점도 있다. 통신은 무선방식을 사용하면 선이 필요 없고, 유선방식보다 설치와 관리가 쉽다.

셋째 전 세계 언제 어디서나 온실의 작동 상황, 작물 생육과 관련된 다양한 정보를 볼 수 있어야 한다. 그래서 원격으로 설정을 변경하거나 조작할 수 있는 원격 모니터링, 제어 방식이 중요하다. 스마트팜 농부가 외부에서도 원격 모니터링을 하려면 몇 가지 장치를 설치해야 한다.

스마트팜의 작동 상황과 온실 환경의 측정값을 실시간으로 받거나 데이터로 저장해서 보기 위해 데이터가 저장되는 서버가 필요하다. 서버는 인터넷이 끊겨도 작동될 수 있도록 농장 내부에 자체 서버(제어시스템 통합형)를 설치하고, 주기적으로 외부 클라우드에 저장하는 방식이 좋다. 외부 서버에 제어프로그램이 있는 경우 인터넷 장애가 발생하면 문제가 생기므로 주의한다.

외부에서 원격 모니터링 시 하나의 스마트폰 앱과 연동하는 것보다 노트북, 태블릿 PC, 스마트폰 등 기기에 상관없이 접속하는 방식이 편리하다. 상황과 장소에 크게 구애받지 않을 수 있다. 갑작스러운 온실 온도 상승과 저하, 작동 오류, 외부인 침입, 정전 같은 상황이 발생했을 때 스마트폰으로 알림과 경고가 전송되면 문제 상황에 즉각 대처할 수 있다. 또 CCTV는 회전 기능이 있으며, 실시간으로 영상을 촬영하고 저장할 수 있는 기종을 설치한다.

넷째 스마트팜은 전기를 사용하므로 낙뢰와 정전에 대비할 수 있는 시설을 추가 설치하는 게 좋다. 장시간 정전에 대비한 무정전 전원장치와 소규모 태양광발전 시설이 있으면 응급 상황이 생겨도 작물을 보호할 수 있다. 무정전 전원장치는 평상시에는 충전해두었다가 정전시에 가동한다. 태양광 패널과 배터리를 조합한 소규모 태양광발전 시설은 평상시에도 스마트팜에 사용하는 전기의 일부를 공급해주니 에너지 비용을 줄일 수 있다. 정전이 일어나면 소리를 내고 스마트폰으로 알림과 경고를 보내주는 장치도 있어야 한다. 필요하다고 판단되면 낙뢰로부터 온실을 보호하는 장치를 추가 설치한다.

이런 안전장치는 장시간 스마트팜 시스템을 유지하고, 긴급 재해가 발생할 경우 필수 제어장치를 작동시킨다.

다섯째 스마트팜 시스템을 설치한 뒤에는 각종 비용을 절감하는 방법도 고민한다. 안정적으로 시스템을 유지하고, 시스템을 유지 관리하려면 비용이 들기 마련이다. A/S 및 유지 관리 방식과 기간, 소모성 부품 구입과 자가 교체가 가능한지 꼭 체크한다. 특히 모든 스마트팜 시스템을 설치했는데, 추가해야 하는 부분이 생기면 난감하다. 복잡한 시스템 전체를 변경하거나 과도한 비용이 들 수 있기 때문이다. 처음 설치할 때부터 나중에라도 시스템을 확장할 수 있음을

염두에 두고, 여분의 릴레이relay나 빈 슬롯slot을 설치해서 확장할 수 있는 시스템을 구성한다.

여섯째 스마트팜 운영자는 스마트팜 시스템을 충분히 학습하고 이해해야 한다. 스마트팜 시스템은 맞춤형이고, 초기에 다양한 변수를 고려해 시스템 규격과 사양을 결정하지 않으면 추가 비용이 들 뿐만 아니라 작물 생육에 필요한 적절한 제어가 어렵다. 스마트팜을 도입하기 전에 스마트팜 시스템이 어떠한 원리로 작동되고, 시스템에 들어가는 구동기기와 장치들이 어떤 기능을 하는지 그리고 어떤 문제가 발생할 수 있는지를 사전에 숙지한다. 스마트팜코리아의 자료실에서 스마트농업 시설 설치 및 관리 가이드라인을 검색하여 참고한다.

마지막으로 전문 업체와 스마트팜 시스템을 계약할 경우 데이터와 관련된 특약 사항을 넣는다. '스마트팜 농장에서 생성되는 모든 환경과 작물 생육 관련 데이터는 농장 내부 저장장치에 저장되도록 하고, 스마트팜 설치 업체는 데이터를 추출하거나 임의로 변경할 수 없으며, 외부 클라우드에 데이터가 저장되는 경우 스마트팜 설치 업체가 임의로 사용자의 동의 없이 데이터 추출, 변경, 반출할 수 없다'와 같은 데이터 관련 특약 사항을 계약서에 기입한다. 스마트팜 농가가 생성한 데이터를 무단으로 사용하거나 활용할 수 없도록 하는 사전 조치다.

스마트팜 시스템을 직접 구축하는 법

요즘은 IoT 기능이 있는 제어보드와 디바이스를 시중에서 저렴하게 구입할 수 있다. 이 IoT 제어보드로 온실의 구동기를 제어할 수 있는 스마트팜을 직접 만들 수 있다. 지금까지 스마트팜 시스템을 처음 설치하는 사람은 프로그램 코딩부터 배워야 한다는 점이 장벽이었다. 그런데 최근에는 코딩을 하지 않고도 컴퓨터와 연결해 제어보드나 디바이스에 소프트웨어를 설치하고, 쉽게 Wi-Fi에 접속할 수 있게 만든 무료 소프트웨어들이 개발되었다. 예를 들어 에스프레시프 시스템즈Espressif Systems에서 출시한 ESP32 제어보드가 있다.

ESP32 칩이 장착된 제어보드나 디바이스와 펌웨어firmware라는 소프트웨어를 설치하면 온습도 센서, 수온 센서와 연결해 측정값을 확인할 수 있다. 또 온실의 개폐기 같은 구동기와 연결하면 제어장치인 릴레이보드를 원격제어할 수 있다.

스마트팜에서 센서는 아주 중요한 장치이지만, 대부분 유선방식이라서 많이 설치하지 않는다. 이 경우 ESP32 제어보드에 센서를 여러 개 연결해 온실 곳곳에 분산 배치하면 온실의 환경을 세세하게 측정할 수 있다. ESP32 제어보드와 연결하는 센서는 비용도 저렴하다. 대부분 2,000원에서 5만 원 내외이고, ESP32 제어보드(MCU 보드)는 1만 원 내외다. 16개의 릴레이가 장착된 릴레이보드도 2만 원 내외면 충분하다.

또 ESP32 제어보드를 구동하는 소프트웨어인 타스모타Tasmota를 설치하면 EC, pH, 강우 센서 등 RS-485 통신 전용으로 만들어진 센서를 손쉽게 사용할 수 있다. 즉 일반인도 전문적인 스마트팜 시스템을 저렴하게 만들 수 있다.

온실의 스마트팜 시스템은 대부분 선이 복잡하게 연결되어 있다. 하지만 ESP32처럼 IoT 기능이 있는 제어보드를 사용하면, Wi-Fi 공유기를 통해 필요한 장치가 있는 곳에 분산 배치함으로써 복잡한 전선을 없앨 수 있다.

스마트팜 작동과 온실 상태를 통합적으로 관리하는 화면이 있는 스마트팜을 직접 만드는 방법도 있다. 중고 PC나 라즈베리파이Raspberry Pi 같은 소형컴퓨터에 노드레드Node-RED(드래그 앤드 드롭drag and drop 방식의 제어프로그램)를 설치하면 고가의 스마트팜 시스템처럼 다양한 기능을 사용할 수 있다.

이렇게 스마트팜 시스템을 직접 구축하면 저렴한 비용으로 자신이 구상한 대로 설계할 수 있다. 게다가 언제든지 프로그램을 수정해 확장할 수 있고, 부품이 저렴하니 수리비도 덜 든다. 필요하면 수리까지 직접 할 수 있다는 점에서 유지 관리비 절감에도 도움이 된다.

여기서는 스마트팜 DIY의 장점과 대략적인 내용만 설명했다. 스마트팜 DIY와 관련된 자세한 내용은 3장에서 다루겠다.

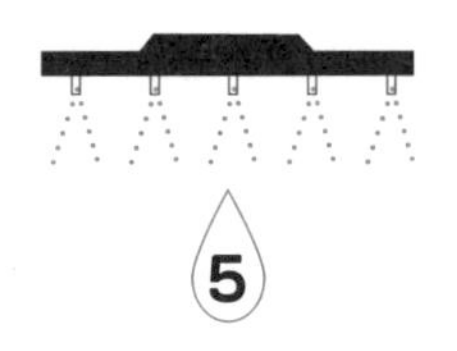

5

스마트팜을 도입하고 운영할 때 주의할 점

초보 농부는 이제 스마트팜에 대해 조금 알겠다는 듯이 고개를 끄덕인다. 그러면서 스마트팜을 만드는 데 비용이 얼마나 드는지, 투자한 만큼 수익이 나는지 궁금해한다. 또 스마트팜을 도입하고 운영하는 데 발생할 수 있는 문제와 한계도 솔직하게 이야기해달라고 부탁한다.

스마트팜의 평균 투자비와 수익성

2023년 우리나라 통계청에서 농림어업조사를 진행했다. 이 조사 결과를 보면 시설재배 농가는 14만 가구, 자동화 시설 설치 농가(스마트팜 등 유사한 자동화 장치)는 3만 3,000가구다. 시설 종류별 자동화 비율은 비닐하우스(연동) 62.4퍼센트, 유리온실 58.4퍼센트, 버섯 재배사 34.0퍼센트 순으로 연동형 비닐하우스와 유리온실의 스마트팜 비율이 50퍼센트를 넘는다.

스마트팜을 처음 시작할 때 가장 궁금한 점은 투자비와 소득일 것이다. 이는 스마트팜 시설과 규모, 작물에 따라 다르므로 스마트팜코리아에서 발간한 《2022년 스마트농업 실태조사 보고서》와 《2023년 스마트농업 실태조사 보고서》를 참고해 살펴보겠다.

《2022년 스마트팜농업 실태조사 보고서》에서는 농업 총수입에서 농업 경영비를 제외한 농업 소득이 증가한 것으로 나타났다. 3.3제곱미터당 토마토 1만 5,225원, 딸기 2만 9,181원, 파프리카 1만 1,532원, 오이 3만 974원 등이다. 스마트팜을 10년간 운영한다고 가정할 때 투자수익률은 딸기, 토마토, 파프리카 순으로 높았다. 또 《2023년 스마트팜농업 실태조사 보고서》에서는 스마트팜 미설치 농가 대비 스마트팜 농가의 소득 증가율 추정치(5년 이상 스마트팜을 운영한 경우)를 알 수 있는데, 토마토 117.52퍼센트, 딸기 191.97퍼센트, 파프리카는 72.88퍼센트로 나타났다.

2023년 투자비는 토마토 5,592만 원(2022년 8,140만 원), 딸기 4,584만 원(2022년 4,662만 원), 파프리카 1억 273만 원(2022년 1억 1,464만 원), 오이 2,687만 원(2022년 4,037만 원), 포도 4,000만 원(2022년 5,500만 원), 화훼는 6,345만 원(2022년 5,304만 원)으로 나타났다. 투자비의 절반 정도는 국가로부터 보조받았다.

그러나 작물마다 투자비와 소득이 다르므로 실제 경제성이 있다고 단정하기 힘들다. 게다가 농작물의 계절, 수요와 공급에 따라 가격 변동성이 커서 소득이 증가할 것이라고 확실하게 답할 수 없다.

스마트팜의 도입은 수익 증가뿐만 아니라 노동시간과 육체노동 감소, 생산량과 품질 향상, 편리성 증가, 삶의 질 등 여러 면에 영향을 끼친다. 따라서 경제성을 기본으로 나의 상황과 여러 장단점을 종합적으로 판단해 결정해야 한다. 또 경제성을 최우선으로 삼아 스마트팜 도입을 고민하는 사람이라면 어떤 작물을 선택할지, 안정적인 수요처는 어떻게 발굴할지 함께 고민해야 한다.

스마트팜 도입과 운영 과정의 문제점

실제로 스마트팜을 설치하고 운영해본 농부들의 생각은 어떨까? 《2022년 스마트농업 실태조사 보고서》를 다시 살펴보자. 먼저 스마트팜을 도입하는 과정에서 겪은 어려움을 묻는 질문에 설치 비용의 확보와 부담, 스마트팜 기술과 장비에 대한 낮은 이해도를 꼽았다. 스마트팜을 도입한 이후의 문제는 업체의 적극적인 대응 부족, 센서 및 장비의 잦은 고장 등으로 나타났다. 스마트팜은 시설을 설치하고 운영하는 과정에서 전혀 예상하지 못한 문제가 발생하기 쉽다.

스마트팜을 도입해 운영했던 농부들이 지적한 문제를 종합해보면 다음 다섯 가지는 꼭 사전에 준비하고 확인해야 한다.

첫째 스마트팜은 설치 비용이 높다. 안정적인 소득 유지, 고소득 작물 선택, 유지 비용 절감 방법 등을 고려해 스마트팜 도입 여부를 결정한다.

둘째 스마트팜의 메커니즘을 모르면 스마트팜 업체의 사후 관리에 의존할 수밖에 없으므로 미리 스마트팜 장치와 시설 구조, 작동 원리를 학습하고 이해한다.

셋째 모든 센서와 장치가 오작동하거나 파손됐을 때 예상하지 못한 비용이 발생한다. 자가 수리를 할 수 있는지, 업체에 맡길 경우 수리와 출장 비용은 얼마나 드는지, 응급 조치 방법과 부품 구입처 등을 숙지한다.

넷째 스마트팜 시스템 구조와 작동 방식은 업체마다 다르다. 시스템을 확장하거나 업그레이드하는 방법, 기능 호환성, 비용 등의 관련 사항을 꼭 계약서에 명시한다.

다섯째 스마트팜의 강점은 센서와 장치로부터 데이터를 수집할 수 있다는 것이다. 이 데이터를 최대한 분석하고 활용하기 위해서는 업체에서 교육을 받거나 스스로 학습하기 위해 노력해야 한다.

국내 시장에서 스마트팜 온실 시설의 한계

우리나라에서 스마트팜 온실을 구축할 때 마주하는 한계점들이 있다. 먼저 우리나라는 시설 농업 자재 시장이 좁은 편이다. 국내에서 생산한 센서, 시설, 장비가 적다 보니 대부분 외국산 부품에 의존하고 있다. 그래서 다른 분야의 부품이나 여러 개의 장치를 조합해 스마트팜 시스템을 구성하는 경우가 많아 부품이 단종되기도 하고, 필요한 부품을 수급하는 데 어려움을 겪기도 한다.

또 다른 한계는 농지법에 따른 온실의 구조와 사용할 수 있는 자재의 제약이다. 농지법에 따르면 작물의 경작지나 재배지에 설치하는 고정식 온실·버섯재배사·비닐하우스·축사 및 그 부속시설과 농지에 부속된 농막·간이 저온저장고·간이 퇴비장 또는 간이 액비저장조의 설치와 육묘장, 수경재배 시설 등 작물 재배 시설은 고정식 온실·비닐하우스 형태로 설치하고, 이외에는 농지 전용 허가를 받아야 했다. 그나마 2024년 7월 3일부터 법이 개정되어 스마트 작물 재배사(스마트팜)의 농지 규제가 완화되었다.

초보 농부도 처음 비닐하우스 온실을 설계할 때 이런 제약 때문에 자신이 구상한 온실을 제대로 구현하지 못했다고 한다. 수경재배 방식의 스마트팜은 앞으로 이상기온이 빈번해질 것에 대비해 비닐 등의 피복재를 사용한 온실보다 창고나 건축물 형태의 온실이 투자 대비 효용이 높다. 그러나 아무리 우수한 성능의 스마트팜 시스템이 개발되더라도 한계가 있다. 온실 자체의 구조, 온실 피복재 재료, 시설과 설비가 혁신적으로 바뀌지 않고, 에너지절감형 냉난방장치가 개발되지 않는 이상 스마트팜의 성능은 지금과 같은 온실의 구조와 재료, 방식에 의존할 수밖에 없다.

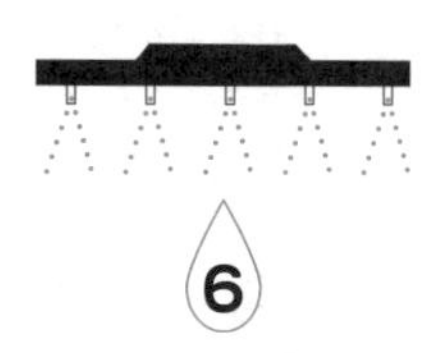

6 스마트팜을 시작할 때 해야 하는 마지막 질문들

스마트팜의 기초에 관해 들은 초보 농부는 이제야 스마트팜을 어느 정도 알 것 같다고 말한다. 나 역시 초보 농부에게 처음에는 스마트팜의 '스' 자도 몰랐다고 말해주었다. 스마트팜을 처음 접한 뒤 수년간 작물의 생육과 재배, 컴퓨터 프로그램, 빅데이터와 인공지능까지 공부했다. 그 덕분에 지금은 초보 농부처럼 스마트팜을 운영하고 싶은 사람들에게 강의까지 하게 되었다.

초보 농부는 잠시 생각에 잠기더니 스마트팜의 단점을 물어보았다. 스마트팜을 운영하기 위해 꼭 해야 할 질문이다. 앞서 스마트팜 구축 과정에서 무엇이든 장단점을 꼼꼼하게 살펴보아야 한다고 강조한 이유의 일환이다. 모든 일이 그렇듯 당연히 스마트팜에도 명암이 있다. 나는 그동안 나의 수업을 들은 교육생들과의 대화, 스마트팜 컨설팅 현장에서 느낀 점을 바탕으로 스마트팜의 현실을 솔직하게 알려주려고 한다.

자칫하면 애증의 스마트팜이 된다?

스마트팜은 성실하고 적절하게 관리한다면 작물 생산량이 증가한다. 그러나 스마트팜 작물의 가격도 다른 시설에서 재배한 작물처럼 유통경로와 시장가격에 의해 결정된다. 결국 자신만의 유통경로와 안정적인 판매처가 없다면, 노지재배와 시설재배보다 소득이 높다고 장담할 수 없다. 스마트팜을 위한 투자비와 유지 관리하기 위한 비용이 동시에 나가기 때문이다. 쉽게 말해 화물 운송을 하기 위해 최신형 화물 트럭을 샀는데, 일거리가 없다면 트럭의 성능은 중요하지 않고 구입 비용은 큰 부담이 되는 것과 같다. 그나마 화물 트럭은 일거리가 없어 도저히 비용을 상환할 능력이 되지 않으면, 중고 판매로라도 최소 비용을 회수할 수 있다. 그러나 스마트팜은 대부분 맞춤형이고 온실에 설치되어 있으니 중고 판매도 쉽지 않아 투자금을 회수하기 어렵다.

스마트팜 도입을 계획하고 있거나 스마트팜으로 전환하려는 사람은 꼭 재배하고자 하는 작물과 투자비, 생산량, 수익 등을 철저하게 검토해야 한다. 무엇보다 유통과 마케팅을 할 수 있는 자신만의 채널을 만들지 못할 것 같은 사람에게는 스마트팜을 추천하지 않는다.

일례로 정부로부터 보조금을 받아 벼 모종을 생산하는 스마트팜을 설치한 한 젊은 농부는 모종 생산이 제대로 되지 않자 현재 운영을 접었다. 더 심각한 문제는 명확한 계획이 없는 상태에서 스마트팜 업체의 말만 믿고 도입하는 바람에 순식간에 몇 억의 빚이 생겼다는 것이다. 반대 사례도 있다. 직장을 다니다가 부모님이 운영하던 딸기농장을 스마트팜으로 전환해 운영하는 귀농 농부가 있다. 이 농부는 스마트팜을 도입하기 위해 본인이 직접 교육을 받고, 작물을 현장 직거래 방식으로 유통해 연간 몇 억씩 수익을 내고 있다.

한 사람은 실패했고, 한 사람은 성공했다. 두 사람의 차이는 무엇일까? 한 사람은 스마트팜에 관해 잘 모르는 상태에서 노력도 하지 않았고, 다른 사람은 먼저 알기 위해 노력하고 계획을 세웠다는 점이다. 모르면 모르는 만큼 헛된 비용만 날리게 된다.

큰 돈을 투자하지 않고 스마트팜을 운영하는 방법이 있다. 앞서 소개한 스마트팜 시스템을 직접 구축하는 방법이다. 가장 큰 장점은 투자비를 크게 줄일 수 있다는 것이다. 유지 보수도 자신이 할 수 있으며, 추후에 스마트팜을 확장할 수 있고 기능도 계속 발전시킬 수 있다. 이 책의 목적은 여러분 스스로 스마트팜을 직접 구축할 수 있도록 스마트팜에 대한 정보, 기초 기술과 지식을 소개하는 것이다. 예전에는 전문 프로그래머만이 스마트팜을 만들 수 있었지만, 지금은 다양하고 편리한 프로그램들이 많이 나오고 있다. 노력이 더해지면 얼마든지 스마트팜을 직접 만들 수 있다.

스마트팜에서 하는 농사도 농사다!

스마트팜의 주목적은 작물 생육에 적합한 환경을 유지하는 것이다. 스마트팜이라도 모종 이식, 시기별·단계별 작물 관리, 수확에서는 노동력이 필요하다. 다시 말해 스마트팜 농사도 농사다. 노동을 안 할 수는 없다. 작물은 때에 맞춰 꼭 해야 하는 일들이 있기에 덥든지 춥든지 간에 일해야 한다. 스마트팜이라도 결코 쉽지 않은 일이다. 그래서 노동력에 비해 소득이 적으면 포기하는 사람이 많다. 적기에 수확을 하고 싶어도 일손을 구하지 못해 가족이 총동원되는 경우도 있다. 물론 재배 방법을 변경하고 시설이나 장비를 추가하면 노동강도를 낮출 수는 있다. 그런데 이렇게 하려면 비용이 또 들어간다.

아무리 잘 관리해도 스마트팜 역시 작물의 질병이나 충해가 발생한다. 다른 농사와 마찬가지로 손해를 입을 수 있다는 말이다. 질병이나 충해를 방지하기 위해서는 늘 작물을 관찰해야 하고, 미리 방제도 해야 한다. 스마트팜에 자동 방제 시설을 설치하면 노동력을 줄일 수 있으나 시설 추가에 따른 비용이 발생한다.

이런 데 드는 비용을 줄이기 위해서는 작업에 필요한 시설을 스스로 설치하고, 스마트팜과 연동할 수 있는 기술을 사전에 습득한다. 데이터 분석, 촉성재배 같은 효율적인 재배 방법을 스스로 공부하지 않으면 많은 노동력이 필요하다.

결론적으로 스마트팜도 일반 농사처럼 노동력이 지속적으로 들어간다. 필요한 지식과 기술을 배워서 본인이 직접 시설을 구축하고 운영하지 않으면, 계속 비용이 든다. 스마트팜을 시작하기 전에 내가 얼마만큼의 의지와 노력을 들여 운영할 수 있는지부터 심사숙고해야 한다.

비닐하우스 온실 기반의 스마트팜이 가진 한계

온실 기반의 스마트팜은 온실에 부착된 구동기기를 통해 제어하는 방식이다. 우리나라의 온실은 비닐하우스 형태가 가장 많다. 비닐이나 기타 재질의 피복재, 작물이 잘 자랄 수 있도록 온도, 습도, 빛 투과 등의 성능이 좋아야 한다. 성능이 좋은 온실을 구축한다는 것은 투자비가 높다는 뜻이다. 그런데 지금처럼 지구온난화가 지속된다고 가정하면 단열과 차열 기능이 떨어지는 비닐하우스 온실의 성능을 보장할 수 없다. 냉난방을 하기 위한 에너지 비용이 앞으로 계속 늘어난다고 봐야 한다. 수익은 투입되는 비용과 직결된다. 냉난방 에너지 비용을 절감할 수 있는 비닐하우스 온실을 어떻게 만들 것인지 깊이 고민해야 한다. 최근 농지법이 개정되면서 가능해진 가설 건축물 같은 대안도 충분히 고려할 만하다.

외식 프랜차이즈 업체들은 이미 수직형 식물공장에서 재배하는 업체와 계약 재배를 하거나 자체 스마트팜 식물공장을 도입하려 하고 있다. 노지, 일반 시설재배로 생산되는 엽채류와 채소는 생산량이 일정하지 않고, 가격도 계속 오르고 있기 때문이다. 농작물은 일반 가정은 물론이고 식당이나 요식업체에서 소비되는 양도 많다. 만약 막대한 자본을 가진 기업이 대형 수직형 식물공장을 구축해 필요한 식재료를 공급할 경우, 지금 같은 온실형 스마트팜 농가들은 소비처를 잃을 수 있다는 점을 간과해서는 안 된다.

전문가 입장에서 가장 우려하는 부분은 날로 발전하고 있는 인공 재배 방식이다. 인공 재배가 발달할수록 전문 지식이 부족한 일반 농가들은 기술이 집약된 인공 재배 방식의 스마트팜과 경쟁하기 어렵다.

스마트팜을 하려는 사람들에게 꼭 하고 싶은 말이 있다. 농작물 생산자가 되기보다 기술자가 되겠다는 마음을 가져야 한다. 그렇지 않으면 고도의 기술과 높은 자본이 투입되는 식물공장과의 경쟁에서 밀리게 된다. 요즘은 식당에서 인건비 부담을 줄이기 위해 키오스크 주문, 서빙 로봇을 도입하고 있다. 스마트팜 역시 가격 경쟁력을 유지하려면 노동 투입량을 최소화할 수 있는 재배 방식과 수확 시스템을 스스로 만들어 운영할 수 있어야 한다.

인구 감소 시대에 필요한 스마트팜

인구 감소는 주요 사회문제다. 농촌에서는 농작물을 생산하는 사람도 소비자도 줄고 있다. 우리는 이미 생산성 향상으로 벼 생산량이 급격히 증가하고,

소비는 감소함에 따라 발생하는 문제를 겪고 있다. 스마트팜이 활성화되어 농작물 공급이 넘치면 증가한 스마트팜 농장의 수만큼 수익성도 낮아질 수밖에 없다. 스마트팜을 통해 얻는 수익이 높지 않으면 누가 스마트팜을 할까?

결국 생산원가를 낮추기 위해 다양한 방법을 시도하는 수밖에 없다. 더불어 기존 농작물을 생산하는 데서 벗어날 필요가 있다. 화장품이나 약의 원료로 사용되는 재료를 생산하고 공급하는 스마트팜 같은 큰 그림을 그려야 한다. 다품종 소량 생산, 생산 방식 전환과 인건비 등 생산원가 절감, 특수작물 및 특용작물 재배를 통한 소득 향상, 다양한 분야의 원재료가 되는 작물 생산이다. 이런 방법으로 안정적인 소득을 어떻게 달성할지 생각하면서 스마트팜을 구상해야 한다.

노지재배보다 생산성이 크게 높지 않은 작물을 스마트팜에서 생산해 유통하고 싶은 사람도 있을 것이다. 또 원격제어 수준의 스마트팜 운영, 스마트팜 기술을 이해하고 시스템을 직접 만들거나 개선하는 데 큰 관심이 없는 사람도 있을 것이다. 이런 사람들은 스마트팜을 하지 않는 게 낫다.

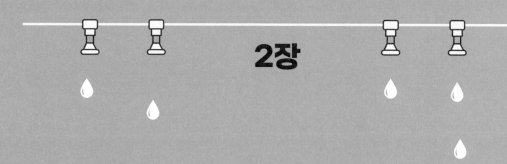

2장

스마트팜 작물 재배와 수경재배

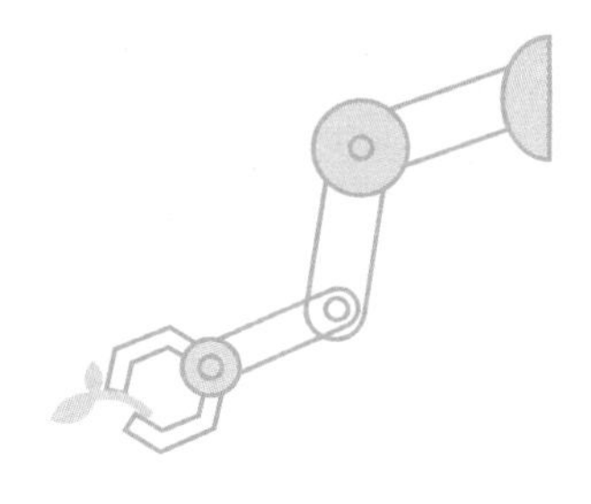

스마트팜을 더욱 효과적으로 운영하기 위해서는 인공 토양이나 수경재배 등 작물 재배 방식을 꼭 배워두는 것이 좋다. 작물의 생육에 필요한 영양분을 조절할 수 있고, 생육 단계별 맞춤형 관리, 작물 관리와 수확 과정이 한결 쉬워진다.

1장에서 스마트팜 시스템은 IoT 기반으로 운영된다고 설명했다. 따라서 IoT와 관련된 스마트팜 시스템에 대한 원리와 구조, 작동 방식을 꼭 알아야 한다. 더불어 스마트팜에서 데이터를 활용하는 방법, 스마트팜에서 인공지능의 기능과 역할 그리고 적용 방법을 알고 사용할 수 있어야 한다.

초보 농부와 만난 지 얼마 안 돼 다시 연락이 왔다. 나는 '초보 농부가 궁금한 것이 많구나' 생각하며 약속을 잡았다.

오늘도 초보 농부는 질문이 멈추지 않는다. 쉴 새 없이 쏟아지는 질문을 듣던 나는 초보 농부에게 "스마트팜 박사라도 되려고 하세요?"라면서 큰소리로 웃었다. 그리고는 얼마든지 이야기해줄 테니 한 가지씩 천천히 질문해달라고 부탁했다. 초보 농부는 스마트팜을 처음 시작하는 사람이 스마트팜을 운영하려면 꼭 배워야 할 것이 무엇인지 제일 궁금하다고 한다.

스마트팜에 관심 있는 사람이라면 초보 농부처럼 어디서부터 시작해야 할지 막막할 것이다. 농부는 식물의 생장 원리와 작물의 재배 환경, 재배 방식만큼은 기본적으로 알아야 한다. 이 점은 스마트팜도 마찬가지다. 그래야 여러 환경과 조건을 작물의 생장에 맞춰서 스마트팜 시스템을 운영할 수 있다. 식물도 사람처럼 환경과 조건에 반응하므로 작물이 잘 자라지 않거나 열매 상태가 좋지 않을 때 그 이유를 알아낼 수 있다.

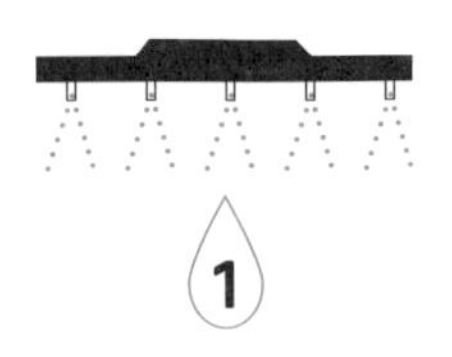

1 식물의 생장 원리와 재배 방법

모든 농작물은 사람이 사용하거나 경제적 이익을 내기 위해 재배하는 식물이다. 작물을 이런 목적대로 재배하기 위해서는 식물의 생장 원리를 이해하고 있어야 한다.

일반적으로 우리 주위에서 쉽게 볼 수 있는 농작물은 야생에서 자라던 식물을 사람의 이용 목적에 맞게 변형한 것이다. 그러나 식물이 자라는 기본 원리와 방식은 변함이 없다. 예를 들어 포도나무는 관리하지 않고 방치해도 잘 자라고 열매도 맺는다. 포도 열매의 수량이 적거나 당도가 높지 않을 뿐이다. 우리가 사서 먹는 포도는 식물의 생장 원리에 따라 언제 어떤 영양분을 공급하고, 어떻게 가지와 줄기를 관리하면 포도의 수량이 늘고 품질이 좋아지는지, 오랫동안 사람들이 연구하고 적용해왔기 때문에 상품성을 갖게 된 것이다.

식물의 생장 원리를 이해하면 작물을 효율적으로 재배하고 관리할 수 있으며, 그만큼 생산성과 품질이 높아짐에 따라 수익도 높아진다. 또 스마트팜 시스템을 효율적으로 운용할 수 있다.

식물의 구성과 기능

식물은 뿌리, 줄기, 잎, 꽃, 열매로 구성되어 있다. 뿌리는 주로 물과 영양분을 흡수한다. 줄기를 통해 잎에 전달된 물과 공기 중 이산화탄소가 광합성과 화학반응을 거쳐 포도당(녹말)을 만들어 각 부위에 전달한다. 이 포도당이 필요한 에너지로 전환돼 식물이 자란다.

꽃은 자신을 아름답거나 예쁘게 보이기 위한 게 아니다. 종 보존과 번식을 위한 생식기관이자 암술과 수술을 보호하는 역할을 한다. 수정된 꽃의 암술에서 씨방은 자라서 열매가 되고, 밑씨는 자라서 열매 속 씨가 된다. 열매는 씨앗을 보호하고 동물의 먹이가 되어 씨앗을 퍼트리는 역할을 한다.

작물 재배는 식물이 자라는 원리를 이해하고, 사람에게 필요한 식물 부위

식물 각 부위의 역할과 생장 원리

구분	역할	생장 원리
뿌리	물과 영양분 흡수 잎에서 만들어진 영양분 저장 식물 전체를 지지	뿌리를 자라게 하는 생장점 존재 뿌리털에서 물과 무기양분을 흡수, 뿌리 호흡 농도가 낮은 물과 양분을 농도가 높은 뿌리털에서 흡수
줄기	잎으로는 유기질, 뿌리로는 물과 무기질 이동 식물 지탱과 호흡, 생장점 양분 저장(감자)	1차 생장은 길이 생장, 2차 생장은 부피 생장 물관으로 뿌리에서 흡수한 물과 무기양분 이동 잎에서 만들어진(광합성) 유기양분은 체관으로 이동
잎	잎 윗면(큐티클층)은 광합성작용 잎 뒷면(기공)은 증산작용과 호흡작용 잎맥은 물관과 체관으로 구성	낮(빛)에는 이산화탄소를 흡수하고, 산소를 방출하는 광합성작용 밤에는 주로 산소를 흡수하고, 이산화탄소를 방출하는 호흡작용 뿌리로부터 흡수한 물을 수증기로 방출해 온도 조절
꽃	암술, 수술, 꽃잎, 꽃받침으로 구성 바람이나 곤충에 의해 암술에서 수정	빛을 인지하는 색소인 피토크롬phytochrome, 빛의 길이, 일정 이상의 온도 변화가 개화 조절
열매	암술의 씨방이 자라서 이뤄진 기관 씨방 내부의 씨앗	열매가 자라고, 많은 열매를 수확하려면 곁순따기, 순지르기 등을 해야 하며, 처음 나온 꽃과 열매도 제거해야 함

의 생장을 촉진시켜 상품성과 수확량을 높이는 일이다. 식물 각 부위의 역할과 기능이 최대한 활성화되도록 생장에 필요한 온도, 습도, 빛 등의 조건을 인위적으로 적절하게 유지해야 한다. 식물은 살아 있는 생명체라서 여러 요인에 의해 생장하거나 장애나 질병 등이 발생한다. 우리가 식물 각 부위의 기능과 역할을 충분히 이해한다면 작물 재배 과정에서 발생하는 다양한 문제에 대처하기 쉽다.

요즘 인터넷을 보면 식물을 잘 키우기 위한 마법과도 같은 여러 재배 비법을 접하게 된다. 혹은 주변 사람들로부터 정보를 얻기도 한다. 이렇게 얻은 재배 비법이 통할 때도 있지만, 무턱대고 그런 비법을 적용하는 것은 위험하다. 먼저 식물 각 부위의 역할과 기능을 이해한 다음 재배 비법을 적용해야 그 비법의 효과와 문제점을 스스로 알 수 있다.

광합성작용과 호흡작용의 원리

수분을 없앤 식물은 탄소를 포함한 유기물 95퍼센트와 탄소를 포함하지 않은 무기물 5퍼센트로 구성되어 있다. 이 식물을 가열하면 탄수화물, 단백질, 지방 등은 연기를 내며 타고, 물, 무기염류, 석회 등의 무기물은 재가 된다. 다시 말해 탄소, 산소, 수소, 질소량 순으로 함유된 유기물은 대부분 연기로 날아가고, 인, 칼륨, 황 등의 무기물은 재가 된다.

식물이 생장하는 과정에서 물에 녹아 있는 무기물인 미네랄이 뿌리로부터 흡수된다. 식물은 물과 이산화탄소를 재료로 빛에너지를 받아 광합성작용을 한다. 그러면 유기물인 탄수화물(포도당 또는 녹말)로 바뀌고, 식물의 각 부위에 전달한다.

생명체가 만드는 대표 유기화합물

구분	구성 원소	식물에서의 역할
녹말	C, H, O	광합성산물인 포도당은 녹말로 저장된 뒤 다시 설탕으로 변환돼 체관으로 이동
단백질	C, H, N, O, S	아미노산에 의한 단백질 결합이 일어나며, 생명 유지에 필수적인 영양소
핵산	C, H, N, O, P	DNA와 RNA 포함, 유전정보를 저장하고 전달하는 역할
아미노산	C, H, N, O, S	질소 원자를 흡수해 만들며, 단백질을 구성하는 기본 단위
엽록체	C, H, N, O, Mg	식물 세포의 주요소, 광합성이 일어나는 장소

광합성=물+이산화탄소 → 포도당+산소

광합성은 빛이 있을 때 엽록체가 있는 세포(주로 잎)에서 생명 유지에 필요한 재료를 만드는 작용이며, 명반응이라고 한다. 반면 암반응인 호흡은 식물의 모든 살아 있는 세포에서 식물에 필요한 에너지를 만드는 과정으로, 싹을 틔우고 꽃을 피우며 열매를 맺는 모든 생명 활동에 이용된다.

호흡=설탕(녹말+다당)+산소 → 이산화탄소+물 방출

광합성에는 여러 요소가 영향을 끼친다. 식물에 적합한 빛의 파장과 세기, 온도, 이산화탄소의 농도다. 광합성을 담당하는 엽록소a는 400~450나노미터nm와 650~700나노미터 파장의 빛을 잘 흡수하고, 엽록소b는 450~500나노미터와 600~650나노미터 파장의 빛을 잘 흡수한다. 특히 엽록소a는 적색광(650~680나노미터)에서 광합성 효율이 높고, 엽록소b는 주로 청색광(430~450나노미터)에 가까운 파장에서 빛에너지를 잘 흡수한다. 이 같은 원리를 구현한 인공장치가 식물 생장 LED다.

빛의 세기가 강해질수록 광합성량이 증가하다가 빛의 세기와 시간이 특정 지점에 도달하면 더 이상 광합성량이 증가하지 않는 지점이 있다. 이 지점을 광포화점이라고 부른다. 반면 빛의 세기가 약해지면 광합성에 의한 에너지 축적보다 소모하는 에너지가 많아진다. 농촌진흥청 농사로의 농업용어사전에 따르면 광합성작용은 섭씨 45도와 영하 3도에서 멈추고, 섭씨 37도 부근에서 최고에 이른다. 섭씨 5도~25도에서는 섭씨 10도씩 올라갈 때마다 광합성작용이 두 배가 된다. 광합성작용에 적정한 온도를 유지하는 것이 식물 생장에 얼마나 중요한지 알 수 있다.

밤사이 온실에는 작물의 호흡작용으로 이산화탄소가 늘어난다. 이 이산화탄소는 광합성작용이 시작되면서부터 낮아진다. 따라서 외부 공기(공기 중 이산화탄소 농도는 평균 350~400피피엠ppm이며, 계절과 환경에 따라 다름)를 들여오거나 탄산가스(이산화탄소) 발생기로 온실 내부의 이산화탄소 농도를 높여주어야 한다. 이산화탄소 농도가 200피피엠 이하로 내려가면 작물의 생산량이 45퍼센트나 감소한다고 한다. 작물마다 차이가 있겠지만, 광합성작용이 잘 이루어질 수 있도록 오전에는 고온을 유지하고, 오후에는 서서히 온실 온도를 낮춤으로써 에너지 소모량을 줄여서 열매에 에너지가 축적되도록 조절하기도 한다.

식물의 생장 과정과 재배 환경 관리

식물이 자라는 단계는 크게 두 가지로 나뉜다. 영양기관인 뿌리나 잎줄기가 생육이 활발해지는 영양생장 단계, 영양기관의 생장 속도가 느려지는 대신 생식기관인 꽃과 열매의 생육이 활발해지면서 꽃이 피고 과실 종자를 만드는 생식생장 단계다.

영양생장에서 생식생장 단계로 바뀌는 요인은 일장, 광량, 온도 등이다. 이 가운데 낮의 길이인 일장의 영향이 가장 크다. 이와 함께 플로리겐florigen이라는 개화 호르몬이 잎에서 만들어져 생장점으로 이동함으로써 생식생장 단계로 바뀐다.

영양생장 단계에서는 영양기관인 잎과 줄기, 뿌리를 통해 광합성산물이 많이 이동하므로 새잎이 빨리 나오고 크다. 잎이 두터워지고 줄기도 굵어진다. 그러나 너무 영양생장만 하게 되면 생식생장의 하나인 꽃눈이 형성되지 않기 때문에 적당한 시기가 되면 영양생장을 억제해야 한다. 반면 생식생장 단계에서는 잎이 얇고 작다. 새잎이 나오는 기간이 길어지고, 광합성산물이 생식기관인 꽃이나 과실로 많이 이동한다. 이 시기에는 질소를 적게 흡수하므로 생식생장이 너무 과하면 질소비료를 공급해준다.

모든 작물의 생장 과정이 같지는 않다. 국립원예특작과학원의 기술활용 → 작목기술정보 항목에 들어가면 각 작물별 생육 적정 온도, 재배 시 환경 관리, 생장 단계별 환경 조건 등이 정리되어 있으니 참고한다.

작물 가운데 잎을 먹는 엽채류는 영양생장을 강하게 관리하고, 꽃이나 열매를 먹는 과채류는 생식생장을 강하게 관리한다. 영양생장과 생식생장이 동시 진행되는 채소는 계속 수확하기 위해 영양생장과 생식생장을 균형 있게 조절하는 것이 중요하다.

채소류의 생육 특성

유형	채소 종류		생장 패턴
영양생장형	시금치, 쑥갓, 청경채 같은 엽채류		잎 부분을 키워서 최고 시기에 수확 시금치는 일장 시간(밝을 때)이 길어야 꽃눈 형성
영양생장과 생식생장 동시 진행형	토마토, 가지, 오이, 수박, 호박, 멜론		영양생장을 하는 한편 개화, 결실 토마토는 식물체 내에 영양분이 축적되면 꽃눈 형성
영양,생식생장 불완전 진행형	직접결구형	양파, 마늘	영양생장 완료 후 알뿌리 커짐, 영양번식 (결구란 채소 잎이 여러 겹으로 겹쳐서 둥글게 속이 드는 일)
	간접결구형	배추, 상추	배추는 섭씨 13도 이하가 일주일 이상 지속되면 결구되지 않고 안쪽에 꽃눈 형성
	뿌리비대형	무, 당근, 감자	감자는 덩이줄기로 번식, 영양번식
영양생장과 생식생장 완전 진행형	옥수수, 브로콜리		영양생장(줄기, 잎의 발육)을 충분히 한 후 꽃눈 형성

《친환경 도시텃밭용 재배 매뉴얼과 활용 콘텐츠》(국립원예특작과학원, 2016년)

초세(생장 강도)가 좋은 작물일수록 광합성산물이 많아 생장하기 좋으나 너무 강하면 덩굴이나 가지가 무성해져 오히려 열매의 생육이 느려질 수 있다. 이때는 한 번에 많은 양의 물을 긴 주기로 공급하거나 습도를 낮춘다. 주야간의 온도 편차를 늘리기도 한다. 반대로 초세가 약해지면 주야간 온도 편차를 줄인다.

광합성에 필요한 물을 흡수하는 증산작용이 좋지 않으면 광합성작용도 잘 되지 않는다. 온실 작물의 잎과 잎 주변의 수증기를 약한 바람으로 움직이게 해서(유동) 광합성작용을 최대한 활성화시켜야 한다. 이를 위해 미리 환기되도록 유동 팬을 가동한다.

스마트팜의 장점은 여기에 있다. 작물의 생장 정도에 따라 온습도, 빛 등의

작물 생육 과정을 조절하는 환경 제어시스템

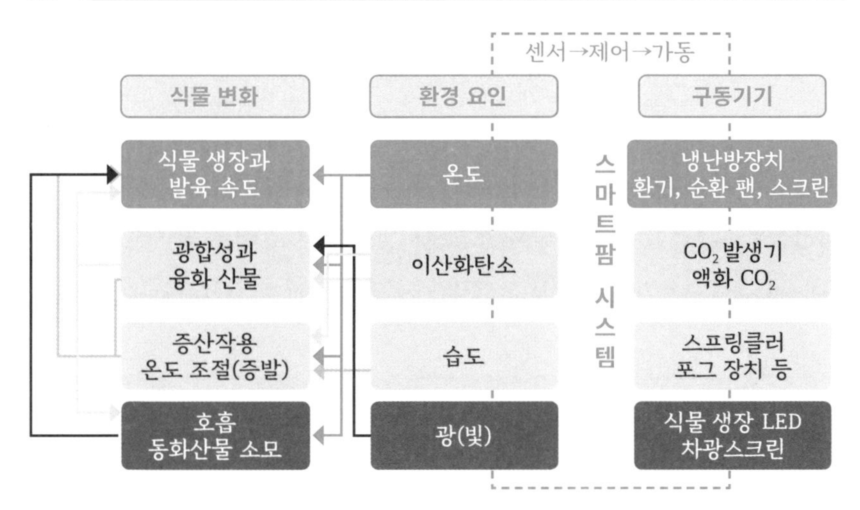

농촌진흥청 농사로 홈페이지 중 '스마트팜 소개' 참고

온실 환경을 조절할 수 있고, 각 단계별로 필요한 영양분을 제때 조절해 공급할 수 있다. 즉 적절하게 생육 단계를 유지하거나 촉진하거나 늦출 수 있다.

식물이 잘 자라는 최상의 조건

식물이 자라기 위해서는 식물을 지지하고 영양분을 흡수할 수 있는 흙이 필요하다. 아니면 흙과 비슷한 환경을 가진 기반이 필요한데, 이 기반은 여러 조건을 충족해야 한다.

국립농업과학원 흙토람(soil.rda.go.kr)에 따르면 흙은 일반적으로 돌, 자갈, 모래, 기타 가루들과 식물의 잔해물인 유기물로 구성된다. 돌, 자갈, 모래 등과 유기물 같은 고형물이 약 50퍼센트이며, 흙속 공기와 수분이 각각 약 25퍼센트를 차지한다.

흙은 식물이 자라는 데 어떤 역할을 할까? 흙은 식물을 지지하고 뿌리를 보호하며 온도를 조절한다. 또 수분을 함유하고 있어 물과 영양분 창고가 되며, 비처럼 외부에서 흡수된 물과 물에 포함된 다양한 부유물에 든 나쁜 성분을 여과한다. 이 밖에도 퇴비나 낙엽이 흙속에서 발효되면서 생긴 곰팡이나 효모 같은 미생물이 유기물을 무기물로 분해해 식물에 영양분을 공급하거나 뿌리에 활력을 불어넣는다.

흙이 이런 역할을 잘 수행할 수 있도록 하려면 다음과 같은 구성이 좋다. 흙은 크게 세 가지 물질로 나뉜다. 무기물과 유기물인 고상, 수분인 액상, 흙속 공기인 기상이다. 고상은 무기물 45퍼센트와 유기물 5퍼센트, 액상은 25퍼센트, 기상은 25퍼센트의 비율로 구성하는 것이 좋다.

좋은 흙의 조건은 첫째 산소 투과율, 즉 공기 순환과 통기성이 좋을 것, 둘째 배수가 잘될 것, 셋째 습도가 잘 유지될 것, 넷째 영양소를 잘 흡수·보존할 것이다.

흙은 산성과 알칼리 정도에 따라 수소이온농도지수를 뜻하는 기호인 pH로 표기한다. 보통 흙의 pH는 5.0에서 6.5 사이다. 대다수 식물은 pH 6.0~6.5의 약산성에서 자라지만, 블루베리는 pH 4.5~5.5인 산성에서 재배한다. 이처럼 식물마다 잘 자라는 흙의 pH는 조금씩 다르다. 그리고 흙의 pH에 따라 각 영양분 흡수 정도가 달라지므로 식물 종류별로 잘 자라는 흙의 pH를 유지해주어야 한다. 만약 산성비가 내렸거나 화학비료를 너무 많이 준 탓에 흙이 산성화된 경우 석회 같은 알칼리성 물질을 토양에 뿌려 중성화시킨다. 작물별 적정 pH 값은 흙토람에서 확인할 수 있다.

스마트팜 시설재배에서는 주로 인공 토양을 사용한다. 이 인공 토양을 재배 배지培地 또는 배지라고 한다. 토양을 구성하는 대표적인 인공 물질의 특성은 다음과 같다.

코코피트cocopeat 코코넛 껍질을 분쇄해 만든 천연소재로 흙의 대용품

피트모스peatmoss 죽은 이끼가 만든 천연소재로 난 화분의 흙 대용품

펄라이트pearlite 진주암을 고온 팽창시켜 만든 경량 모래로 무기물 함유

질석, 마사토 등 운모나 화강암 등이 풍화되어 만들어진 모래로 무기물 함유

제올라이트zeolite 여러 물질을 흡착하고 방출하는 능력과 염기치환 능력이 좋아 양분 흡수를 촉진하는 천연 광물질

코코피트는 코코넛 껍질의 섬유질을 제거해 분쇄해서 만든 천연소재다. 작물을 기르거나 모판을 만들 때 바닥에 까는 흙인 상토의 주성분이다. 중량 대비 최대 20배에 달하는 수분을 흡수(보수성)할 수 있다. 비료 성분을 띠는 성질인 보비성(영양분 유지)과 입자 사이의 통기성이 좋아 식물이나 작물을 재배하기 좋고, 가격도 저렴하다. 코코피트는 생산 시기, 생산 지역, 생산 방법에 따라 배지 내 염류 농도가 아주 다르다. 칼륨과 나트륨의 함유량이 높은 소재라서 식물의 생장과 생리에 나쁜 영향을 줄 수 있다. 따라서 코코피트를 구입한 뒤에는 충분히 세척하거나 낮은 염류 농도를 가진 상품을 골라야 한다.

피트모스는 peat(유기 퇴적물, 완전히 탄화하지 못한 석탄의 일종)와 moss(이끼)의 합성어다. 이끼와 생물들이 수백 년에 걸쳐 늪지에서 분해될 때 형성되는 죽은 섬유질 덩어리로, 통기성과 보수력이 매우 우수하다. 피트모스는 매장된 것을 채취해 수입하는 유한한 자원이다. 피트모스의 최대 장점은 비료 성분인 양이

온을 유지하는 능력 덕분에 보비성이 좋다는 것이다. pH가 쉽게 변하지 않으며, 분해가 느리게 일어나기 때문에 흙의 물리성과 화학성도 오랫동안 유지된다.

펄라이트는 화산 활동으로 생긴 진주암을 섭씨 850~1,200도에서 가열 팽창시켜 만든 경량 인공 토양이다. 통기성과 배수성, 보온성이 탁월하다. 다공질이어서 산소를 원활하게 공급해 부패를 방지한다. pH가 중성이다 보니 재배하려는 식물에 적합한 pH로 바꾸기 쉽다. 식물에 필요한 미네랄 성분 역할을 하고, 흙의 온도를 조절할 수 있는 기능도 있다.

질석은 운모가 풍화되거나 뜨거운 물에 의해 암석의 입자 간 결합과 강도가 약해져(열수변질) 생성된 물질이다. 원광석을 고온에서 가열 팽창시킨 팽창질석을 인공 토양으로 사용한다. 가벼우며 보습력(흡수력)과 단열성, 보온성, 흡수성, 통기성, 완충성이 좋다. 단 보습력은 펄라이트보다 높지만, 많이 사용하면 과습이 될 수 있으니 주의해야 한다.

마사토는 화강암질의 암석이 풍화된 인공 토양이다. 주로 배수성과 통기성을 위해 사용하는 자재이며, 습기에 약한 식물을 키울 때 주로 사용한다. 다육식물을 재배할 때나 삽목(식물의 잎이나 줄기를 잘라 식물체를 번식시키는 방법)을 위해 사용하며, 스마트팜에서는 잘 사용하지 않는다.

마지막으로 제올라이트는 미세한 세공 덕분에 양이온, 물, 가스 등을 잘 흡착한다. 산, 알칼리, 열 등에 쉽게 분해되지 않는다. 흙속 영양소 가운데 어떤 것은 양이온이고, 어떤 것은 음이온 상태라서 특정 pH에서는 흙이 영양소를 방출, 보유, 흡수하는 양이온치환용량이 높다. 보통 수경재배를 할 때 물의 오염을 늦추고 산소를 포집했다가 방출하는 용도로 사용한다.

비료와 영양소의 특성

식물을 구성하는 유기물과 무기물은 비료의 성분이기도 하다. 식물을 구성하는 물질 가운데 유기물을 가열하면 탄소, 수소, 산소(비광물성 원소)의 95퍼센트가 연기로 날아가고, 재로 남는 5퍼센트가 무기물(광물성 원소)이다. 이 중 광물성 원소는 식물의 생육에 필요한 양에 따라 다량원소(3.5퍼센트)와 미량원소(0.5퍼센트)로 구분한다. 다량원소는 탄소C, 수소H, 산소O를 빼고 질소N, 인P, 황S, 칼륨K, 칼슘Ca, 마그네슘Mg 6종, 미량원소는 철Fe, 망간Mn, 구리Cu, 아연Zn, 몰리브덴Mo, 붕소B, 염소Cl 7종이다.

무기물 영양소는 물속에 녹아 있거나 흙속에 존재한다. 식물의 뿌리에서 삼투압, 이온치환, 증산작용 등에 의해 물과 함께 흡수되어 식물의 각 부분으로 운송된다. 그다음 광합성작용과 동화작용을 거쳐 생성된 유기물의 합성과 저장을 통해 식물에 필요한 포도당, 단백질, 핵산, 지방산 등으로 전환되어 사용된다. 무기물은 수용성이라서 녹으면 바로 식물이 흡수할 수 있는 영양분이 된다. 반면 유기물은 미생물에 의해 분해되어 이온이나 분자 형태의 무기물로 전환되어야 식물이 흡수할 수 있다. 결국 식물이 실제 흡수하는 것은 무기물이다.

유기농업, 유기농법 등으로 생산한 유기농 농산물은 대부분 친환경이라고 생각한다. 그러나 유기질비료(유기물을 함유한 비료)는 토양구조를 개선시키는 역할을 하는 것이며, 유기물은 일정 시간 동안 분해된 뒤 무기질로 전환되어야 식물에 흡수된다. 유기질 농법과 무기질 농법 가운데 무엇이 더 좋고 나쁜지 판단할 수 없다는 말이다. 그냥 작물을 키우기 위한 하나의 방법이라고 생각하면 된다.

무기질비료(무기물을 함유한 비료)는 엽록소 생성과 합성에 필요한 영양소(마그네슘, 질소, 철, 황 등)를 공급해 광합성작용을 활성화하고, 식물의 생장을 촉진한다. 이를 통해 식물은 더 효율적으로 빛에너지를 흡수하고, 유기물을 생산할 수 있다. 또 광합성산물의 이동과 저장, 식물 각 부위의 생리작용을 돕는 필수 영양소다.

칼륨, 질소, 인, 칼슘은 탄수화물의 이동과 전환을 촉진하고, 세포 호흡, 세포벽 형성, 호르몬 합성 등 식물의 전반적인 생장과 발달을 지원한다. 또 뿌리와 잎의 발달도 촉진한다. 따라서 생장 초기에는 질소와 인이 중요하다. 생장기에는 질소, 칼륨, 칼슘이 필요하며, 뿌리와 줄기, 잎을 빠르게 성장시킨다. 개화기에는 인과 칼륨이 중요하며, 꽃 형성과 발달을 돕는다. 결실기에는 칼륨, 인, 칼슘이 중요하며, 열매의 품질을 좋게 만들고 작물의 저장성을 향상시킨다.

독일 화학자 유스투스 리비히가 만든 최소량의 법칙이 있다. 식물이 성장하려면 여러 가지 영양소가 필요하지만, 그중 가장 부족한 영양소가 식물의 성장 한계를 결정한다는 법칙이다. 나무판으로 만든 물통의 한쪽이 부서지면 그곳으로 물이 새는 것처럼, 물통에 모든 영양소가 담겨 있더라도 부서진 곳으로 특정 영양소가 빠져나오기 때문에 영양소 중 하나라도 부족하면 전체 성장에 영향을 미친다. 다시 말해 아무리 다량의 영양소가 있더라도 어느 한 성분이 최소량 이하라면 식물은 정상적인 성장을 할 수 없으므로 영양분을 골고루 공급해주는 게 가장 중요하다.

흙속 물에 녹아 있는 무기질 양분은 전기적 성질과 같은 양이온과 음이온으로 되어 있다. 토양입자는 음이온이라서 같은 음이온 성분들은 뿌리에 쉽게 흡수되고, 양이온 성분들은 토양입자에 흡착되어 있다가 뿌리의 수소와 교환되면서 뿌리에 흡수된다.

질소나 인, 칼륨 등은 서로 흡수를 방해하거나 흡수를 돕는 상호 관계에 있다. 특정 원소를 과다하게 사용하면 다른 원소가 결핍되어 작물에선 양분 결핍 증상이 나타나거나 과잉 증상이 나타난다. 이처럼 무기질의 각 성분끼리 흡수를 방해하는 것을 길항작용antagonism, 도움을 주는 것을 상승작용synergism이라고 한다. 서로 흡수를 도와 상승작용이 되는 성분은 함께 공급하고, 흡수를 방해해 길항작용이 되는 성분은 함께 공급하지 않는다. 작물에 길항작용이 나타나면 필요한 양분을 함께 흡수하지 못해 생육에 문제가 생긴다. 더욱이 흡수되지 않고 흙속에 남은 염류로 인해 장해가 발생하기도 한다.

이런 경우 영양분의 각 성분을 흡수하기 좋은 형태로 바꾸어주는데, 이를 킬레이트화라고 한다. 킬레이트chelate는 잘 이동하는 음이온이 양이온의 성분을 붙잡은 뒤 감싸 작물이 영양분을 잘 흡수하도록 하는 것이다. 킬레이트는 토양 산성화를 방지하고, 물질이 녹지 않고 고정되는 불용화를 억제하며, 다른 성분과 결합할 수 있도록 한다. 특히 흙속 미량원소의 흡수율을 늘려준다. 수경재배를 할 때 비료 성분이 킬레이트화되면 각 성분끼리 경쟁하는 것이 아니라 미리 음이온과 결합해 엉기거나 응고되지 않아 흡수하기 쉬워진다. 그래서 킬레이트 처리된 제품을 구입하거나 킬레이트를 만들어주는 성분을 함께 사용하는 게 좋다.

결국 양분 공급 관리에서 가장 중요한 점은 작물이 양분의 성분을 잘 흡수하는 것이다. 무엇보다 작물별로 알맞은 pH와 EC 값을 유지해야 한다. 토양 산성도를 뜻하는 pH는 수소이온과 수산화이온의 농도 비율에 따라 산성, 중성, 알칼리성이 있다. 전기전도도를 뜻하는 EC는 흙이나 양액에서 전기의 흐름이 가진 특성이다.

작물에 따라 선호하거나 잘 적응하는 pH가 있다. 또 pH에 따라 식물이 양분을 흡수하고 이용할 수 있는 유효도가 다르므로 토양재배와 수경재배 모두 pH를 세심하게 조절해야 한다. 토양 pH와 양분 유효도의 관계는 농사로 홈페이

무기질의 종류와 역할

무기질 종류	역할	결핍 현상	과잉 현상
질소 식물 크기와 단백질의 바탕	잎과 줄기 성장 양분 흡수 촉진 아미노산과 단백질을 합성하는 주성분	생육 빈약, 수량 감소 잎의 황화현상 뿌리 생장 저해	식물 조직이 약화되어 넘어짐 줄기가 무르고 연약해짐 칼슘 흡수 방해
인산 광합성작용과 호흡작용, 개화와 결실 촉진	뿌리 발육, 성장과 번식 촉진 식물 생화학 반응의 주요 인자 과실의 맛, 수량, 품질 관여	잎 발육 저하와 작아짐 과실의 착화와 착과 불량 세포분열 억제, 생육 부진	키가 작고 잎이 뚱뚱해짐 생육 불량, 황화현상 철 결핍
칼륨 수분 관리, 동화산물 수송	병충해와 내한성(추위) 증진 증산작용과 포도당(녹말) 이동 pH와 삼투압 조절	병충해와 내한성 저하 식물 키와 잎이 작아짐 잎이 말림, 황백화현상	양분의 균형적 흡수 방해 과실이 작아짐 칼슘과 마그네슘 결핍
칼슘 세포벽 강화, 생리 활동 전달	세포분열과 세포 신장 관여 개화, 착과, 과일 숙성 관여 식물체 내에서 이동이 잘 안 됨	새잎과 뿌리 발육 부진 개화와 수정 불량 양분 저장과 내병성 약화	
마그네슘 광합성(엽록소), 내병성(세포벽)	지방과 핵단백질 합성 광합성 등 관련 효소류 활성화 인산 흡수와 운반 작용	잎의 황백화현상과 엽록소 감소 작물 전체 생장 저해 엽맥 부근 퇴색, 황화현상	
황 단백질의 기본 원소 신진대사 관여	생물 활성 물질 합성 성분 효소의 생성과 특수 기능 관여 매운맛의 원인 (마늘, 양파 등)	세포분열 억제 단백질 합성 저하 질소 부족과 같은 증상	토양 산성화
붕소 포도당 이동, 양이온 흡수 촉진	세포분열과 화분 수정 도움 칼슘, 칼륨 등 흡수 도움 당분과 녹말의 과실 이동 촉진	수정과 결실이 나빠짐 잎의 모양이 기형, 주름 무의 경우 속이 빔	잎이 황화되어 고사 생육 감소, 잎에 반점 생김
구리 엽록소 형성에 간접적으로 관여	광합성과 호흡작용 관여 산화, 환원효소 구성 단백질과 탄수화물 대사 관여	단백질 합성 저해 잎의 크기와 숫자 감소 황화현상	독성이 생김
철 엽록소 합성, 광합성작용 등	엽록소 생성(합성) 촉진 세포 안 전자 전달 과정에 관여 생장과 형태를 형성하는 필수 성분	광합성작용 방해 엽록소 생성 저해 황화현상	
망간 산화효소 작용 촉진	광합성작용, 산소 생성에 관여 체내 산화, 환원의 촉매 역할 비타민C 합성	잎이 작아짐 엽맥 간 황화현상 생장 속도 저하	
아연 성장 조절 물질	엽록소 합성과 파괴 방지에 관여 효소 작용 활성화 식물의 성숙기, 키 자람	줄기, 잎의 신장 불량 호르몬 형성 저해 잎의 황백화현상	
몰리브덴 질소대사 관여	비타민C 생성 관여 콩과 식물 질소고정 질산 환원효소의 성분	질산 축적으로 장애 발생 식물의 왜생, 생장 저하, 수확량 감소	

지에 들어가 영농기술 → 영농활용정보 → 농업기술길잡이 자료실에서 올바른 비료 사용법을 검색하면 확인할 수 있다.

식물이 양분의 성분을 흡수했다고 끝이 아니다. 무기질비료는 식물에 필요한 다양한 영양소를 공급하지만, 비료가 물에 녹아 흙에 흡수될 때 화학적 특성에 따라 pH에 영향을 준다. 이로 인해 식물이 자라는 환경 자체가 변할 수 있으니 흙이나 양액의 pH 관리가 아주 중요하다.

식물이 암모늄, 칼슘, 칼륨 같은 양이온을 흡수하면 뿌리에서 수소이온을 방출해 흙이 산성화되고, 질산염 같은 음이온을 흡수하면 뿌리에서 수산화이온이나 탄산이온을 방출해 흙이 알칼리화된다. 이로 인해 산성이 너무 강하면(낮은 pH) 칼슘과 마그네슘 같은 필수 영양소가 부족해지고, 알칼리성이 너무 강하면(높은 pH) 인산염, 철, 아연 같은 미량원소를 흡수하기 어려워진다. 수시로 pH를 체크해서 적정 pH를 유지할 수 있도록 관리한다.

모든 양분이 식물에 흡수되기 좋은 pH는 6~7 사이의 중성이다. 토양이 산성화되지 않도록 하는 이유도 이와 같다. 수경재배에서는 pH 5.5~6 사이의 산성이, 블루베리는 pH 4~5 정도의 산성이 적정하다.

EC는 흙이나 양액 속에 녹아 있는 양분에서 전기(전류)가 통하는 정도이다. 물에 녹아 있는 양분의 양이 많을수록 무기물 이온량이 늘어나 전기가 잘 통하므로 EC 값은 높아지고, 반대로 물에 녹아 있는 양분이 적을수록 EC 값이 낮아진다. EC 값은 상대적 수치다. 너무 높으면 양분을 흡수하기 어렵고, 너무 낮으면 영양생장 위주로 자라므로 적정 범위의 EC 값에 맞춰 양분을 공급해야 한다. 일반적으로 2~3미터지멘스 퍼 센티미터mS/cm가 적정 범위이나 작물에 따라 다르다. 즉 양분은 적절한 양이 물에 녹아 작물의 뿌리에 흡수되어야 한다. 희석 농도가 높아지면 그만큼 양분이 너무 많아져 작물이 흡수하기 어렵고, 흡수된 성분 사이에 불균형이 일어난다.

이동이 잘 되는 성분 질소, 인, 칼륨, 황, 염소

이동이 조금 어려운 성분 구리, 철, 아연, 망간, 몰리브덴

이동이 잘 안 되는 성분 칼슘, 마그네슘, 붕소

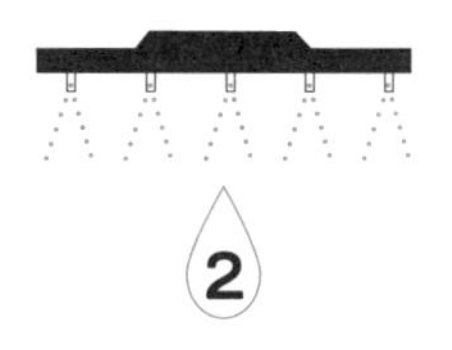

스마트팜에서 하는 수경재배

수경재배의 장점과 단점

수경재배hydroponics란 무엇일까? 2021년 농촌진흥청에서 발간한 《농업기술길라잡이-시설원예》에서는 작물 생육에 필요한 양분을 적정 농도로 녹인 양액nutrient solution과 배지를 흙 대신 이용해 작물을 재배하는 양분과 수분 관리 기술이라고 설명한다.

흙을 사용하지 않는다고 해서 무토양재배 또는 물에 녹인 무기질비료를 이용해 작물을 재배한다고 해서 양액재배라고도 했으나, 지금은 수경재배로 통일해 사용하고 있다.

수경재배는 흙을 사용하지 않으니 장소에 상관없이 작물을 키울 수 있다. 특히 스마트팜에 수경재배 시설을 갖추면 노동력을 절약할 수 있으며, 작업할 때 허리를 굽히거나 쪼그려 앉지 않아도 되니 노동강도가 줄어든다. 센서와 스마트팜 시스템 또는 인공지능 스마트팜 시스템으로 양분 관리를 하면 작물 생산량과 품질이 향상된다.

그러나 단점도 있다. 수경재배 시설을 갖추는 데 투자비가 많이 드는 편이다. 작물을 키우기 시작하면 세심하게 살펴야 할 점이 많다. 수경재배에 사용하는 양액이나 배지는 환경 변화에 민감하다. 양액의 온도가 낮으면 뿌리 활동이 둔화되어 영양소와 물 흡수량이 줄고, 특정 영양소(특히 칼슘, 마그네슘)의 흡수율이 떨어진다. 작물의 성장 속도도 느려지거나 잘 자라지 못한다. 반대로 양액의 온도가 높으면 양액 속 산소 농도가 낮아져 뿌리에 필요한 산소가 부족해진다. 결국 작물은 고온 스트레스를 받아 성장 속도가 느려진다.

pH와 EC 값은 계속 변한다. 흙에서 키우는 작물보다 변화에 민감해서 탈수 현상이나 영양소 결핍 등으로 인한 현상이 즉각 나타난다. 흙속에는 최소한의 미량원소가 있다. 그러나 수경재배는 인위적으로 일정 비율의 미량원소를 공급해야 하므로 센서를 주기적으로 청소하고 교정해야 한다.

이처럼 수경재배는 시스템에 문제가 생기지 않도록 과학적인 관리 기법과 모니터링이 꼭 필요한 작물 재배 기법이다.

수경재배는 크게 고형배지경과 순수수경으로 나눈다. 고형배지경은 코코피트 같은 인공 토양(고형배지)에 뿌리를 지지하고, 배지 외부와 내부 호스, 파이프관을 설치해 물에 비료를 녹인 양액을 공급하는 방식이다.

순수수경은 속이 빈 파이프, 물이 새지 않는 통이나 박스 같은 구조물 안에 식물의 뿌리를 받치고, 양액을 뿌리에 분사하거나 양액에 뿌리를 잠기게 하여 양액과 접촉할 수 있도록 하는 방식이다.

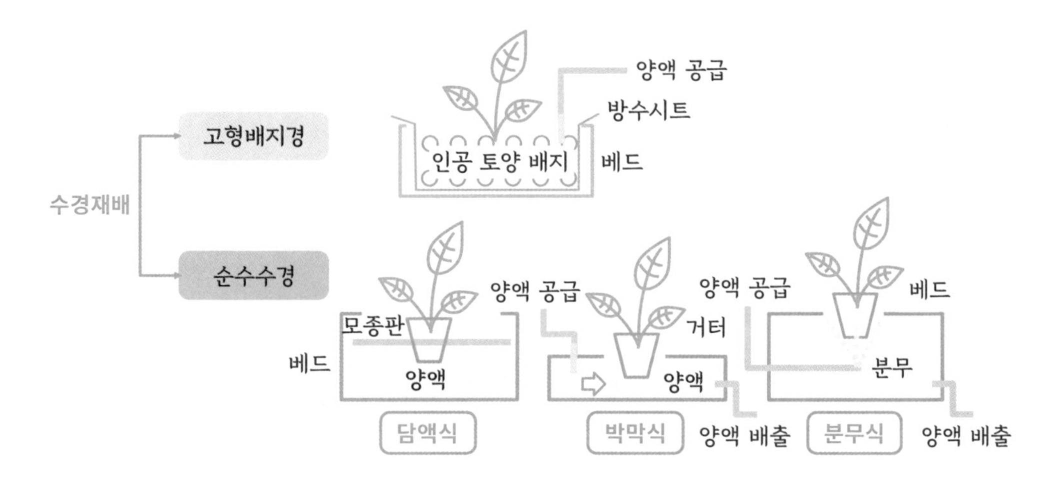

고형배지경 방식

고형배지경 방식은 다음과 같은 조건을 갖추어야 한다. 화학적으로 안전할 것, 오염성이 낮을 것, 투수성과 보수성이 높을 것, 흙속 공기와 수분이 적절할 것, 완충 능력이 높을 것, 가격이 저렴하고 구입이 쉬울 것, 폐기나 재활용이 쉬울 것이다. 고형배지경 방식은 재료에 따라 무기배지, 유기배지, 혼합배지로 나눈다. 다음 표에 나온 배지 말고도 이런 조건을 충족하는 배지라면 어떤 것이든 상관없다.

처음 고형배지경 방식으로 작물을 키울 때는 스티로폼이나 기타 재질로 된 긴 박스 형태의 베드bed부터 만든다. 베드 위에 방수와 방근시트(뿌리가 밖으로 뚫고 나오지 못하도록 하는 시트)를 깐 다음 코코피트, 펄라이트 등 인공 토양을 채운다. 마지막으로 인공 토양에 가늘고 긴 여러 개의 호스 또는 호스에 일정 간격

고형배지의 종류와 특성

◉: 양호 ○: 보통 △: 약간 불량

사용 배지	재료의 종류					
무기배지	천연(모래, 자갈), 인공(암면, 펄라이트), 유기합성(폴리우레탄, 폴리페놀)					
유기배지	코이어(코코피트), 피트모스, 왕겨, 훈탄, 톱밥, 수피 등					
혼합배지	무기배지와 유기배지 혼합					
인공 토양의 특성	보수성	통기성	물리적 안정성	양분 흡착	양액 조절 용이성	유의점
코이어	◉	○	○△	유(중간)	○	쉽게 과습
피트모스	◉	○△	○	유(중간)	○	쉽게 과습
암면	◉	△	○	무	◉	폐기 곤란
입상암면	○	◉	◉	무	◉	폐기 곤란
펄라이트	○	◉	◉	무	◉	다량 필요

《농업기술길라잡이-시설원예》(농촌진흥청, 2021년)

으로 구멍이 있는 점적관수관을 설치해 양액이 조금씩 인공 토양에 스며들 수 있도록 한다.

고형배지경 방식은 작물 생육에 필요한 양액을 직접 공급하므로 재배 기간을 단축하고, 고품질 농산물을 생산할 수 있다. 또 바닥에서 1미터 정도의 높이에 베드를 설치해 키우니 노동력과 노동강도를 낮출 수 있다는 장점이 있다. 그러나 재배 환경을 조절하는 장치와 시설을 설치해야 하기 때문에 비용이 들어간다. 예를 들어 뿌리부의 온도를 조절하기 위해 냉난방 배관을 삽입하거나 베드 하단에 공기를 공급하는 장치를 설치한다. 때로는 양액에 병원균이 발생해 빠르게 퍼질 수도 있다. 이때는 배지를 교체해야 한다.

주의할 점은 또 있다. 재료와 상관없이 장기간 사용할 경우 화학적 특성이 변화할 수 있으니 오염이나 부패가 일어나지 않게 해야 한다. 배지에 해충이 서식하는지도 늘 살펴야 한다. 기온이 높아지거나 강한 햇빛을 받아 뿌리부의 온도와 양액의 온도가 오르지 않도록 하는 것도 중요하다.

순수수경 방식

순수수경 방식은 베드 안에 양액을 공급하는 방식에 따라 세 가지로 나뉜다. 뿌리를 양액에 담가두는 담액식, 거터gutter에 양액을 흘려보내 뿌리의 일부가 양액과 접촉하는 박막식, 베드 안에 미세 스프레이 노즐을 설치해 공중에 매달린 뿌리에 분사하는 분무식이다. 이 세 가지 방식의 장단점을 알아보자.

첫째 담액식Deep Flow Technique, DFT 또는 Deep Water Technique, DWC은 기본적으로 물속에 담긴 뿌리에 산소를 공급하는 방식이다. 산소 공급 방식에는 기포발생기를 사용하는 통기식, 통 안의 양액 수위를 조절하는 액면저하식, 재배판을 양액 위에 띄우는 유동식 등이 있다.

담액식은 다량의 양액을 사용한다는 점에서 장점이 많다. 우선 열로 인한 뿌리의 온도 변화가 적어서 온도를 조절하기 쉽다. 또 양액 농도와 pH가 비교적 안정적이며, 펌프가 정지해도 뿌리의 피해 속도가 느리다. 그러나 양액의 공급량을 조절하기 어려워서 작물의 생육 속도를 조절하기 어렵다는 단점이 있다. 또 사용하는 양액이 많다 보니 대용량 베드나 탱크, 양액 무게 때문에 아주 튼튼하고 강도 높은 구조물이 필요하다. 게다가 적절하게 산소를 공급하려면 지속적으로 산소 공급 장치가 가동되어야 하고, 물을 매개로 한 병원균이 생기는 경우 그 확산 속도가 빠르다.

둘째 박막식Nutrient Film Technique, NFT은 베드나 거터(PVC 재질로 된 파이프 형

태 내부에 양액이 흐른다. 식물을 고정할 수 있도록 해주는 스펀지나 암면배지와 함께 식물을 끼울 수 있는 격자형의 구멍이 뚫린 재배포트를 삽입해 작물을 기른다)에 양액이 천천히 흐르도록 하는 방식이다. 뿌리에 산소가 충분히 공급될 수 있도록 뿌리 사이를 흐르는 양액이 필름처럼 얇은 막을 형성하며, 수경재배에서 가장 보편적인 방식이다. 따라서 박막식은 양액을 계속 흐르게 하는 펌프가 꼭 필요하다. 양액이 잘 흐르도록 경사를 두어 설치하기도 한다.

박막식은 양액이 끊임없이 순환하므로 비료나 물의 손실이 적고, 양액의 농도와 성분을 바꾸기 쉬워서 작물의 생육을 조절하기도 쉽다. 덕분에 시공과 관리가 편하고, 양액의 공급량도 쉽게 조절할 수 있다. 그러나 베드나 거터 내부에 흐르는 양액이 적어서 온도에 민감하고, 양액 농도와 pH 등의 변화가 자주 나타나므로 주의해야 한다. 또 정전이 일어나거나 장치가 고장 나 순환펌프가 멈추면 순식간에 뿌리가 피해를 받는다.

셋째 분무식Aeroponics은 빛이 차단된 베드 안에서 뿌리에 양액을 간헐적으로 분무하는 방식이다. 양액이 분무되지 않을 때는 뿌리에 충분한 산소를 공급한다. 식물의 뿌리가 활발하게 호흡하면서 영양분을 흡수하기 때문에 담액식과 박막식보다 뿌리의 발육과 생육이 빠르다. 뿌리 전체 또는 일부가 양액에 지나치게 잠겨 산소가 부족해지거나 뿌리가 썩는 현상을 방지할 수 있다는 것도 분무식만의 장점이다.

또 다른 장점은 박막식처럼 양액의 성분을 쉽게 바꿀 수 있다는 것이다. 그래서 작물의 생육이 빠르고, 재식밀도(단위면적당 심을 수 있는 식물 수)를 높일 수 있다. 한 번에 분사되는 양액의 양이 적어서 양액통의 용량이 상대적으로 적다. 또 담액식과 박막식은 여러 층에 식물을 재배하는 다층식 재배를 할 경우 양액 무게가 지지 구조물에 영향을 주는 반면, 분무식은 베드 내부에 양액이 고여 있지 않아 무게 부담이 적다.

분무식은 뿌리가 항상 공기 중에 노출되어 있다는 단점이 있다. 정전이 일어나 양액이 공급되지 않으면 수시간 내에 뿌리가 마를 수 있다. 분무식은 물의 입자를 미세하기 분사하기 위해 고압펌프나 컴프레셔 등을 사용해야 해서 초기 시설 투자비도 많이 든다. 물을 미세하게 분무하려면 노즐이나 압력 등을 조절하는 기술이 필요하고, 이물질에 의해 노즐이 막힐 수도 있기 때문에 주기적으로 노즐을 관리, 보수해야 한다.

스마트팜에서 수경재배를 할 때 주의할 점

스마트팜에서 수경재배를 할 때 미리 알아두어야 할 점과 주의할 점을 알아보자.

수경재배에 필요한 기본 장치로는 베드, 거터, 펌프, 노즐 등이 있다. 이 장치들은 제품으로 출시되었어도 형태나 규격이 각기 다르고, 거터를 제외하면 수경재배 전용 제품이 적은 편이다. 그래서 배관 부품이나 수족관 부품을 구입해 조립하거나 배관 도구와 장비를 활용한다. 이런 장비로 파이프를 절단해 조립하고 파이프에 노즐을 삽입하며, 펌프와 파이프를 연결하는 등 직접 제작해 설치한다.

직접 장치를 설치할 때 제일 주의할 점은 온도 조절이다. 양액의 온도가 높아지지 않도록 직사광선을 막고 단열이 되는 자재를 베드와 거터 외부에 씌운다. 양액을 보관하는 탱크 속 양액 온도가 높아지지 않도록 냉각기 등을 추가 설치한다.

양액을 공급하는 배관을 급액관(입수구)이라 하고, 쓰고 남은 양액을 다시 사용하기 위해 순환시켜 내보내는 관을 배액관(출수구)이라 한다. 이런 배관은 수경재배 면적이 넓어지면 용량도 달라지므로 압력과 유량 규격에 맞춰 사용한다. 분당 또는 시간당 공급하는 물의 양과 압력은 제한되어 있다. 그래서 물과 양액을 원하는 곳까지 충분히 공급하고, 다층식 재배 시 높은 곳까지 물을 공급할 수 있도록 물을 끌어올릴 수 있는 양정의 높이, 파이프 두께 등 배관 자재의 규격을 알아야 한다. 또 분무식은 고압을 사용하므로 호스와 파이프, 연결 부품의 한계압력 같은 부품의 규격 정보를 살펴본다. 이런 장치들은 온라인 쇼핑몰에서 구입해도 되지만, 매장에서 직접 살펴본 후 구입과 설치를 결정하는 게 좋다.

수경재배 시설에서 양액은 어떻게 공급할까? 양액의 원액은 물(지하수나 수돗물)과 수용성 비료를 섞어 만든다. 펌프로 양액을 박막식이나 분무식의 베드

수경재배 시설에서 양액을 공급하는 방식

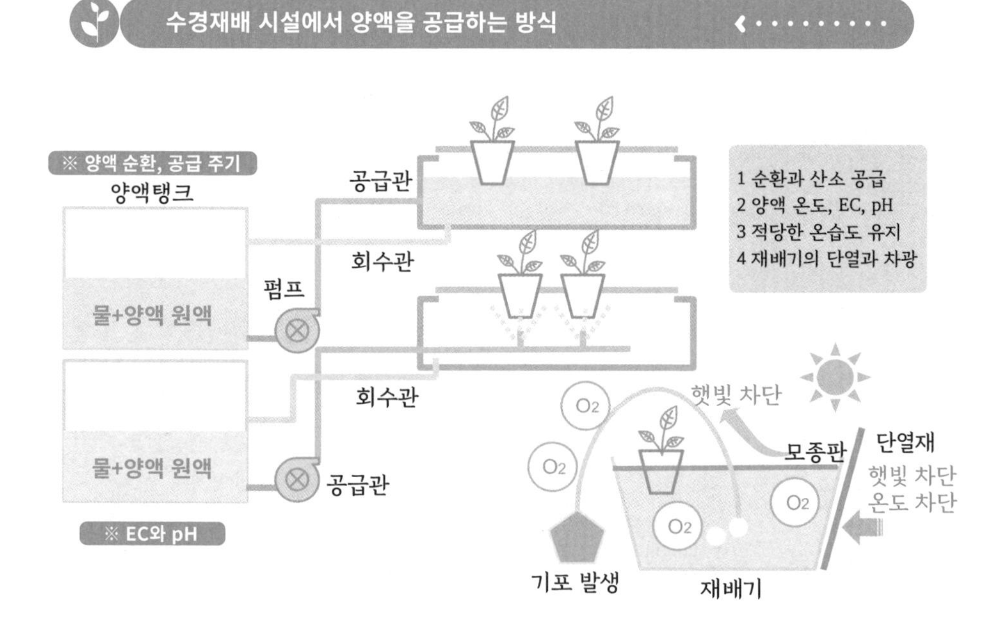

와 거터에 공급하고, 사용하고 남은 양액은 다시 양액탱크로 회수한다. 회수된 양액은 다시 사용할 수 있다. 이때 침전 성분과 염류에 의해 pH가 변하는 것을 막고, 혹시 모를 물속 균이 퍼지지 않도록 양액탱크에 필터 같은 정화 시설을 추가하기도 한다.

물과 양액 원액을 적정한 비율로 섞는 장치는 양액기다. 양액기는 시중에서 구입하거나 직접 제작할 수 있다. 양분 흡수에서 중요한 pH와 EC 값, 온도를 측정하는 센서와 이를 조절할 수 있는 믹서 장치를 조합해 제작한다.

양액의 원액 탱크는 보통 A, B로 나눈다. 다량원소는 A에 희석하고, 미량원소는 B에 희석해 저장한다. 작물에 따라 필요한 원소와 양분, pH 값을 조절하는 액체가 담긴 탱크 C, D를 추가 설치한다.

앞서 이야기했듯이 수경재배에서는 온도가 아주 중요하다. 먼저 모종판, 베드, 거터 같은 기본 장치들이 햇빛과 외부의 열을 받지 않도록 단열재를 붙인다. 양액의 온도가 높아지지 않도록 양액탱크에도 단열재를 이용한 차광 시설을 설치한다.

농촌진흥청 농사로의 영농기술 → 영농활용정보 → 농업기술길잡이 항목에서 작물별 재배 기술, 배양액 관리 기술에 들어가면 원예작물의 수경재배와 시설재배에 따른 작물별 적정 pH 값과 EC 값이 나와 있으니 참고한다.

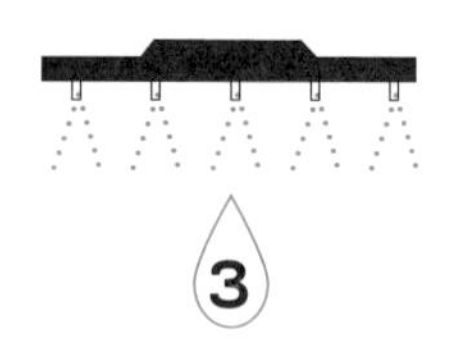

3

IoT 기반의 스마트팜

IoT의 정의와 개념

1장에서 IoT에 대해 간략하게 알아보았다. 스마트팜 하면 많은 사람이 인터넷을 기반으로 자동화해 운영하는 농장을 떠올린다. 그렇다면 스마트팜에서는 IoT를 어떻게 활용하고 네트워크를 구축하는지 알아보자.

IoT는 인터넷에 접속할 수 있는 기능을 가진 전자제품과 같다. 일상생활에서 자주 보는 스마트홈 기능, 원격 미세먼지 센서, 정류장의 버스 위치와 정차 시간 안내 화면 등이 IoT다.

IoT의 원래 정의는 다음과 같다. 어떤 센서가 생성한 데이터를 인터넷에 연결된 부품이나 디바이스를 통해 데이터 공유 장치(서버, 클라우드 등)에 저장해 공유한다. 이렇게 쌓인 데이터를 빅데이터나 응용소프트웨어로 분석하고, 해결책을 제시하는 등 다양한 방법으로 활용할 수 있는 기술 또는 서비스이다.

스마트워치를 떠올리면 쉽게 이해할 수 있다. 사용자가 스마트워치를 착용하면 이동속도, 심박과 심전도, 기압, GPS 센서 등이 작동한다. 이런 센서를 통해 모은 사용자의 건강과 운동 관련 정보를 측정한 수치를 디스플레이로 확인할 수 있다. 요즘 스마트워치는 Wi-Fi나 블루투스로 수집한 데이터를 건강 관련 클라우드에 일정 간격으로 보낸다. 사용자는 건강 관련 클라우드에 접속해 일정 기간 동안의 운동량, 칼로리 소모량, 수면 상태 같은 건강과 운동 분석 정보를 확인할 수 있다. 이 모든 것이 IoT다.

스마트팜에 설치한 센서와 장치는 이 같은 IoT 기능을 가지고 있다. 그래서 스마트팜 운영자도 개별 센서 장치들의 측정값을 스마트폰 같은 스마트기기로 볼 수 있다. 또 펌프나 창문을 여닫는 개폐기도 스마트기기에서 간단한 동작만으로 작동시킬 수 있다.

이것이 IoT의 가장 큰 장점이자 강점이다. 다시 말해 센서나 개폐기 같은 장치를 인터넷에 연결해 개별 모니터링하거나 작동시키며, 서버나 클라우드(인터넷에 접속된 컴퓨터)에 일정 간격으로 저장된 센서 값을 분석한다. 이렇게 분석한 값을 바탕으로 개폐기를 원격 조정하는 것이다.

스마트팜에 IoT가 꼭 필요한 이유

이전에도 자동화 농장에는 제어장치가 있었다. 그러나 수많은 선이 온실 구조물에 연결된 탓에 복잡하고 불편했다. 농기계로 작업을 하다 자칫 선을 건드리거나 실수로 선을 자르게 되면 장치에 오류가 생기기도 하고, 심지어 작동하지 않는 경우도 많았다.

정밀한 온실 환경을 유지하려면 센서를 여러 개 설치해야 한다. 이 센서들을 스마트팜 제어시스템에 유선으로 연결하면 선이 길어지고, 길어진 선만큼 측정값도 오차가 나타날 수 있다. 특히 여러 동이 연결된 연동형 비닐하우스는 너무 넓어서 센서를 설치하는 데 한계가 있다. 그래서 통신 방식에 상관없이 센서나 제어장치를 무선인터넷이나 내부 네트워크(인터넷에 접속하지 않은 상태에서 내부 주소에 의해서만 작동)에 연결하는 방법을 이용한다. 센서나 제어장치에 전원을 공급해주는 전선 말고는 거의 필요 없으니 비용도 줄어든다.

Wi-Fi나 로라LoRaWAN 방식(원거리 무선통신 방식)은 주로 IoT에서 사용하는 무선 접속 방식이다. 여러 동으로 구성된 온실에 설치된 다수의 센서와 장치가 무선공유기를 통해 연결된다. 이렇게 연결하면 무선으로 데이터가 전송되며, 사용자가 작동 명령을 내릴 수 있다. 따라서 여러 개의 센서를 사용할 수 있고, 스마트팜에 필요한 장치를 여러 곳에 설치할 수도 있다. 분산 설치된 센서와 제어장치가 각각 내부 네트워크에 접속한 상태이므로 갑자기 메인 스마트팜 제어시스템이 고장 나거나 오류가 발생해도 개별 센서의 값은 확인할 수 있다. 제어장치를 개별 작동시킬 수 있으니 유지 보수하기도 상당히 편리하다.

일반 에어컨은 집에서만 리모컨으로 제어할 수 있다. 그런데 인터넷에 접속할 수 있는 기능을 가진 에어컨은 스마트폰으로 집은 물론이고 밖에서도 실내 온도를 확인해 미리 틀거나 끌 수도 있다. 이처럼 온실 안이나 밖에서도 언제든지 온실 환경을 제어하는 것, 스마트팜에 IoT를 활용해야 하는 이유다.

스마트팜 IoT 네트워크 구축 방법

IoT 네트워크를 제일 쉽게 구축하는 방법은 인터넷 공유기를 이용하는 방법이다. 가정에서 Wi-Fi 공유기를 설치하듯이 스마트팜에서도 동일하게 활용할 수 있다. IoT 기능이 있는 온습도 센서나 디바이스를 Wi-Fi 공유기에 연결하면 측정 센서값이 제어시스템에 전달된다. 제어시스템은 전달받은 측정값을 가지고 스마트팜의 현재 상황을 판단한 다음, 공유기를 통해 IoT 기능을 가진 디바이스에 작동 명령을 내린다. 이 작동 명령에 따라 환풍기 등의 장치가 가동된다. 다만 인터넷 공유기는 신호를 주고받는 범위에 한계가 있다. 이를 보완하기 위해 인터넷 공유기의 무선 신호를 증폭해주거나 공유기 신호를 징검다리처럼 연결해주는 Wi-Fi 리피터repeater(Wi-Fi 신호 범위를 넓혀주는 중계기)를 설치해 온실 전체를 커버하는 네트워크를 구축한다.

인터넷 공유기를 인터넷에 연결하지 않으면 작동하지 않는다고 오해하는 사람들이 있다. 그러나 공유기에 연결된 IoT 장치들은 인터넷에 연결하지 않아도 내부적으로 자체 작동한다. Wi-Fi 신호 범위만 벗어나지 않으면 된다. 이를 내부 네트워크라고 부른다. 즉 통신사 사정으로 인터넷 연결이 원활하지 않아도 온실 내부 네트워크로 모든 기기를 통제할 수 있다는 말이다. 그래서 내부에서는 센서로 측정되는 모든 데이터와 제어장치를 작동시키는 프로그램을 인터넷에 연결하지 않아도 된다. 외부에서만 인터넷으로 접속되도록 설정하면 된다.

데이터와 제어장치를 인터넷과 연결하는 무선방식에는 Wi-Fi 방식 말고도 로라 방식과 지그비Zigbee 방식이 있다. 로라 방식은 10~20킬로미터 내외 장거리 통신, 지그비는 근거리 통신에 주로 이용한다. 둘 다 특정 주파수를 사용하며, 전력 소모량, 거리, 통신 속도, 데이터량에 따라 선택한다.

무선방식의 무선통신 프로토콜(통신 규약, 송수신 순서, 데이터 표현 등)에도 여러 가지가 있다. 로라 방식은 LoRaLong Range Radio 기술을 사용한다. 라디오, 무전기와 같이 장거리를 연결하는 송수신 장치를 통해 주파수로 통신하는 방식이다. 장거리를 연결하기 쉽고, 낮은 전력으로 통신할 수 있다. 국내에서는 920.9~923.3메가헤르츠MHz 비면허 주파수 대역에서 사용하도록 규정하고 있다. 그런데 로라 관련 부품과 장치는 미국과 유럽 기준으로 제작된 탓에 국내 기준에 적합한 부품과 장치는 Wi-Fi 방식보다 비싸다. 통신망, 프로토콜이 다른 네트워크를 서로 연결해주는 게이트웨이gate way를 설치하면 인터넷에 접속할 수 있다.

지그비 방식은 저비용·저전력 무선 IoT 네트워크로, 주로 스마트홈에 사용되는 근거리 무선통신 기술 프로토콜이다. 통신 속도가 느리고, 인터넷에 접속하려면 역시 게이트웨이를 설치해야 해서 비용이 늘어난다는 단점이 있다.

이런 방식들의 장단점을 따져봤을 때, 10만 원 내외의 고출력 Wi-Fi 증폭기와 Wi-Fi 리피터를 구입해 Wi-Fi 네트워크망Mesh을 구축하는 것을 추천한다.

스마트팜 IoT 디바이스

스마트홈과 관련된 IoT 플러그, 온습도 센서 제품은 온라인 쇼핑몰에서 쉽게 구입할 수 있다. 사용자가 쉽게 사용할 수 있도록 센서나 제어장치 회로 부품, Wi-Fi 통신을 할 수 있는 부품이 조합된 완제품이다. Wi-Fi 설정만 하면 센서 값이 제조사의 클라우드로 전달된다. 사용자는 제조사 사이트와 어플에서 클라우드에 접속해 측정값을 확인할 수 있다. 플러그에 연결된 장치를 켜고 끌 수도 있다.

스마트팜 시스템을 구축하는 법도 비슷하다. 먼저 센서, 제어장치 부품과 Wi-Fi 통신 부품을 결합하거나 조립한다. 이 시스템에 사용자가 설치한 코딩 프로그램이나 펌웨어(장치를 작동시키는 기본 프로그램이자 소프트웨어)에 설정한 방식에 의해 제어장치가 작동된다. 센서의 측정값은 Wi-Fi 공유기를 통해 제어프로그램이 설치된 컴퓨터나 서버에 전달되고, 아두이노 IDE 같은 소프트웨어에

IoT 디바이스의 예

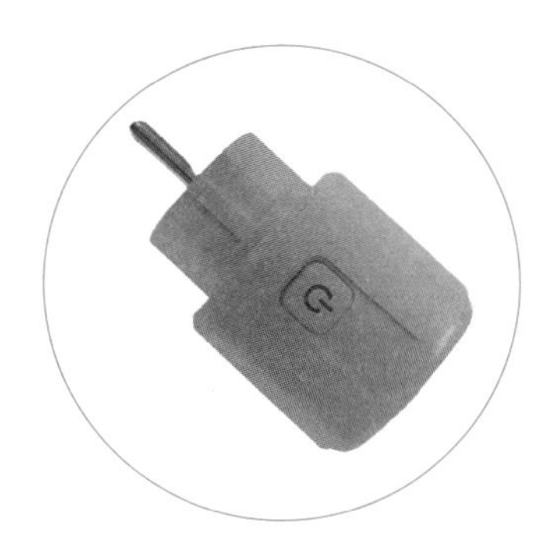

완제품 형태의 IoT 디바이스
(스마트 플러그)

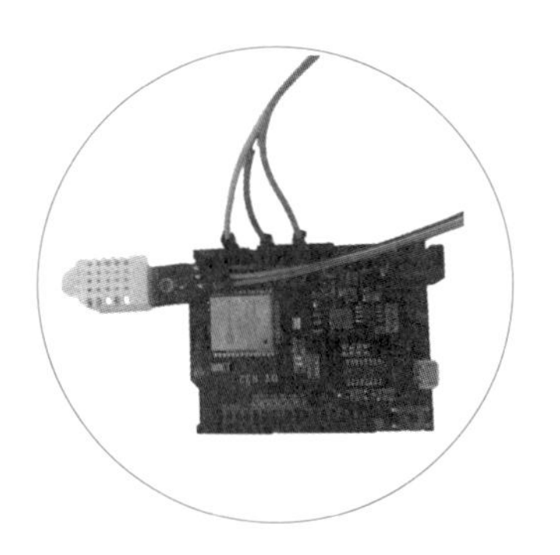

온습도 센서와 MCU 모듈 조합 형태의
IoT 디바이스

직접 코딩한 프로그램이나 펌웨어가 측정값을 보여준다. 예를 들어 마우스와 키보드는 센서와 제어장치로, 윈도 같은 운영체제가 없으면 마우스와 키보드를 쓸 수 없다. 마찬가지로 스마트팜 시스템에서 사용하는 제어프로그램은 운영체제의 일종으로, 센서와 제어장치를 작동시킨다. 최근에는 큰 비용을 들이지 않고도 IoT 센서와 플러그 장치 등을 구입할 수 있다. 이를 온실에 설치된 기존의 수동 제어장치와 연결해 스마트팜처럼 사용하는 경우도 있다.

완제품 형태의 IoT 플러그는 전기·전자 분야에 관한 지식이 없어도 사용할 수 있다. 그러나 복잡한 스마트팜 온실을 제어하고, 다수의 센서와 장치를 연결해 스마트팜 기능을 구현하기에는 한계가 있다. 아직 상품화된 IoT 센서가 적기 때문이다. 이런 센서로는 데이터 분석 등 다양한 기능을 수행할 수 없다. 차라리 직접 IoT 디바이스를 만들어서 사용하는 게 낫다.

IoT 디바이스를 만드는 방법은 의외로 쉽다. 먼저 Wi-Fi 통신이 가능하고 코딩을 통해 초소형의 전자기기를 제어할 수 있는, MCUMicro Controller Unit 같은 범용적 보드(전자회로 제품)와 센서를 구입한다. 코딩이나 어려운 프로그램을 설치하지 않아도 사용할 수 있는 Tasmota나 이에스피홈ESPHome 같은 스마트홈 오픈소스 프로그램(펌웨어)을 보드에 설치한다. 보통 USB 케이블만 있으면 된다. 그다음 센서나 제어장치인 릴레이 모듈relay module(서로 다른 전압을 제어할 수 있는 전자스위치)을 보드에 연결한다. 마지막으로 앞서 설치한 스마트홈 오픈소스를 실행하면 센서와 릴레이를 작동시킬 수 있다.

이 단계에 따라 직접 만들면 완제품 형태의 IoT 디바이스보다 반값 이하로 만들 수 있다. 스마트팜 시스템을 만드는 전문 업체의 IoT 디바이스도 별다를 게 없다. 스마트팜 전용 IoT 디바이스 자체가 없으니 전문 업체도 각기 다른 부품들을 조합하고 결합해 만들기 때문이다. 사용자가 직접 만든 디바이스와의 차이는 온실 환경 제어프로그램을 좀 더 복잡하게 구축하는 데 있다. 따라서 스마트팜에서 단순한 기능만 사용해도 괜찮은 사람은 직접 스마트팜 시스템을 구축하는 게 낫다.

복합 환경 제어를 위해 전문 업체에 의뢰해야 할 때도 있다. 업체에 의뢰해 스마트팜 시스템을 제작하고 설치할 경우에는 여러 조건을 꼼꼼하게 살펴야 한다. 사용자가 목표로 하는 온실의 환경을 유지하기 위해 온실에 설치된 장치들을 편리하게 작동시킬 수 있는지, 기능과 기술력이 좋은지 등을 따져보고 결정한다.

4

스마트팜 데이터의 가치와 중요성

스마트팜 데이터의 의미

데이터는 곧 정보다. 우리는 온라인 쇼핑몰에서 상품을 살 때 상품의 정보, 사용자 후기 등 다양한 정보를 확인한 후에 구매를 결정한다. 이때 정보와 후기가 많을수록 어떤 상품을 사야 할지 판단하기 쉽고, 그 상품의 질을 신뢰하게 된다.

스마트팜 농장 운영자에게도 데이터는 아주 중요하다. 온실의 장치가 작동할 때마다 눈으로 관찰하지 않아도 데이터를 분석하면 온실의 환경 변화에 영향을 주는 요인을 알아낼 수 있다. 이를 통해 늘 알맞은 환경을 유지할 수 있고, 필요한 기기와 장치를 배치하고 설정할 수 있다. 예를 들어 온실 내부가 섭씨 25도가 되면 자동으로 창문이 열리도록 설정했다. 내부 온도가 섭씨 25도라서 창문이 열렸는데, 그날은 마침 바람이 많이 부는 날이었다. 외부에서 강한 바람이 계속 들어와 내부 온도가 낮아지면 창문이 닫히고, 다시 내부 온도가 올라가면 창문은 열릴 것이다. 이렇게 일정 시간 동안 계속 창문이 열렸다 닫히면 온실의 온도는 반복적으로 올랐다 내렸다 할 것이다.

이런 상황이 계속되면 온실의 창문을 여닫는 장치가 빨리 파손되거나 노후된다. 이때 창문을 연 후의 온도 변환 데이터를 찾아 확인한 다음 다시 적정 온도를 설정해주면, 창문이 천천히 여닫히거나 우선 환풍기부터 작동시킬 수 있다.

스마트팜에서 축적된 데이터는 다양한 정보를 제공해준다. 일정 시간 동안 온실의 기온 편차 등 다양한 온실 환경을 모니터링해서 최적화된 환경으로 제어할 수 있다. 기기의 오작동, 센서의 고장, 오류 등을 바로 알 수 있으니 문제를 미리 방지할 수 있다.

스마트팜의 궁극적 목적은 작물의 생육에 적합한 온실 환경을 유지하는 것이다. 작물이 자라는 동안 축적된 온실 환경 데이터는 작물이 어떤 조건에서 잘 성장하며, 언제 꽃이 피고 열매가 익는지 등을 판단할 수 있는 기초 자료다. 이 자료만 잘 분석하고 파악해도 이후 작물을 재배할 때 더욱 좋은 환경을 조성할 수 있다.

스마트팜을 운영하다 보면 작물 재배에 필요한 팬, 냉난방장치 등 온실 시설과 장치를 추가하거나 위치를 바꾸어야 할 때가 생긴다. 이때 새 장치를 설치하거나 변경하기 전후의 데이터를 비교해보면 최적화된 위치와 장소를 알아낼 수 있다. 온실에서 특수작물이나 처음 시도하는 작물을 재배하는 경우에도 데이터의 역할이 중요하다. 데이터로 해당 작물이 좋아하는 환경을 알아낼 수 있고, 질병이나 생육이 느려지는 원인을 찾는 데 도움을 받을 수 있다. 즉 특수작물이나 신규 재배 작물이 빠른 시간에 안정적으로 자라는 환경을 설정할 수 있다.

스마트팜 데이터의 가치

스마트팜에서 데이터를 축적하는 목적은 작물의 생육 환경, 장치와 시설을 최적화해 작동시키기 위해서다. 이런 데이터들을 쌓은 스마트팜 농가는 여러 이익을 누릴 수 있다.

첫째 온실에 설치한 스마트팜 시스템은 설정 조건에 도달하면 즉시 작동하도록 프로그래밍되어 있다. 그래서 간혹 필요하지 않은 상황에서도 온실 장치가 작동할 때가 있다. 그동안 축적된 데이터는 일정 시간 동안 발생한 환경 변화를 고려해서 장치의 작동을 최적화하도록 한다. 궁극적으로 전기 사용과 냉난방을 위한 에너지 비용을 줄일 수 있다.

둘째 스마트팜에서 작물을 재배할 때 비료와 영양소의 공급 주기, 공급량 데이터와 실시간 작물 생육 상태를 비교할 수 있다. 그때그때 생육 상태를 보고 비료 사용을 최소화할 수 있다. 또 온도, 습도, 일조량 등의 데이터와 병충해 발생을 비교하면 방제 약품의 사용량을 최소화할 수 있으니 생산비를 줄이는 데 도움이 된다.

셋째 작물의 상품성을 높이고 출하 시기를 조절하는 것은 농장 매출과 소득에 직접적인 영향을 준다. 축적된 데이터를 분석해 영양생장과 생식생장 단계를 조절하면 소득이 늘어난다.

축적된 데이터와 데이터를 통해 습득한 노하우는 동일 작물을 재배하는 농가와 데이터를 원하는 빅데이터 업체 등에 판매할 수 있다. 재배 과정에서 쌓은 데이터가 부가소득이 되는 것이다. 특히 특용작물, 처음 도입된 작물의 생육 환경 데이터는 희소성이 매우 높아서 데이터가 필요한 사람에게 비싼 가격에 판매할 수 있다.

데이터가 많이 쌓이면 '빅데이터'라고 한다. 일반적으로 빅데이터는 수십

테라바이트에서 수 페타바이트PB의 데이터를 가리킨다. 그러나 스마트팜 빅데이터에서 데이터의 크기는 중요하지 않다. 몇 초나 몇 분 단위로 얻은 작물의 전 생애주기, 작물의 생육과 생장에 관한 정밀 데이터가 모두 수집돼야 빅데이터로서의 가치가 있다. 작물 생육 빅데이터는 스마트팜 관련 회사에서 장치와 설비를 개발할 때 좋은 자료가 된다.

빅데이터는 인공지능에서도 활용성이 높아서 첨단농업의 바탕이 된다. 최근 인공지능으로 작물의 생육 상태, 질병 등을 판별할 수 있는 프로그램과 소프트웨어가 개발되었고, 이미 활용되고 있다. 관찰 카메라로 촬영한 작물 생육과 관련 있는 사진 데이터는 작물의 생육과 질병을 인공지능이 판별할 때 활용한다. 스마트팜 시스템이 알아서 작물이 자라는 과정을 관리하는 방식에 기초 자료가 된다.

무조건 대량 데이터라고 해서 가치 있는 것은 아니다. 일정 간격으로, 지속적으로 측정된 데이터만이 가치를 가진다. 따라서 데이터 수집과 저장, 분석에 관한 방법을 공부하면 스마트팜 운영에 큰 도움이 될 수 있다. 더 나아가 데이터의 정밀도, 오류 제거와 같은 데이터 정제 과정까지 공부한다면 농업 분야의 데이터 전문가가 될 수 있다.

스마트팜 데이터 축적과 관리 방법

스마트팜 데이터는 어디에 어떻게 축적될까? 센서, 온실 내 장치들의 작동 상태에 관한 데이터는 컴퓨터 파일처럼 저장되는 것이 아니다. 데이터의 집합인 데이터베이스는 엑셀과 비슷한 형태로 시간과 함께 저장된다.

이 데이터베이스를 사용하기 위해서는 데이터가 저장될 컴퓨터에 데이터베이스 소프트웨어를 설치해야 한다. 인터넷 저장 서비스를 제공하는 '클라우드 데이터베이스' 같은 호스팅 서비스를 이용하는 방법도 있다. 그러나 외부에서 운영하는 클라우드 데이터베이스는 추천하지 않는다. 인터넷 환경이 좋지 않은 곳에 있는 스마트팜이나 정전, 신호 끊김으로 인해 인터넷 접속이 안 될 경우 데이터가 저장되지 않기 때문이다. 그 대신 스마트팜에 별도의 시스템을 두거나 스마트팜 시스템 내부에 데이터를 저장하는 방식을 추천한다. 직접 데이터베이스를 구축하고 싶은 사람은 안 쓰는 컴퓨터나 중고컴퓨터를 사용해도 된다. 컴퓨터에 오픈소스 형태의 무료 데이터베이스인 MySQL, SQLite, PostgreSQL, InfluxDB등을 설치한다.

확률은 적지만, 데이터베이스가 설치된 스마트팜 시스템 컴퓨터에 문제가 생기거나 도난당할 수 있다. 이에 대비해 스마트팜 시스템의 데이터베이스를 일정 기간 백업 저장하거나 외부 클라우드 데이터베이스에 백업 저장되도록 한다.

전문 업체에 스마트팜 시스템을 의뢰할 때는 다른 대비책이 필요하다. 무엇보다 데이터베이스가 설치되어 있는지, 스마트팜 시스템과 별도로 데이터베이스가 있는지 확인해야 한다. 더불어 사용자가 데이터베이스를 열람하고 다운로드할 수 있는지, 내부에 데이터베이스 분석 소프트웨어가 설치되어 있는지도 미리 문의한다. 데이터베이스가 없거나 외부 클라우드 서비스에 데이터가 저장되지 않는 업체라면 다른 업체를 알아보는 게 낫다. 또 스마트기기를 통해 데이터를 쉽게 조회할 수 없는 시스템, 엑셀 파일 형태로 다운로드받아 분석할 수 있는 데이터 활용 방법이 적용되지 않는 스마트팜 업체의 시스템은 제외한다.

데이터베이스의 형태와 구조에 관해 자세히 알아보자. 데이터베이스는 형태에 따라 관계형과 시계열형으로 구분한다. 다음 그림과 같이 관계형은 쇼핑몰처럼 회원 정보, 구매 정보, 배송 정보 등이 서로 연계되어 각각의 데이터가

데이터베이스의 형태

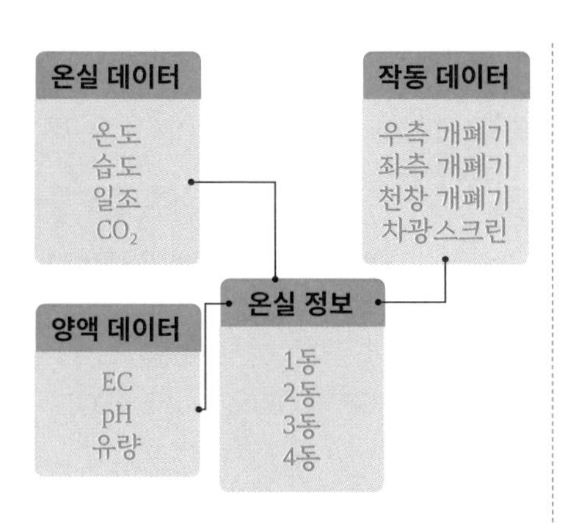

관계형 데이터베이스

No.	시간	온도	습도	강수량	일조량	개폐기 상태
1	24-5-1 0:00	15.5	60	20	200	열림
2	24-5-2 0:00	15.5	60	30	200	닫힘
3	24-5-3 0:00	15.5	60	0	200	열림
4	24-5-4 0:00	15.5	60	40	200	열림
5	24-5-5 0:00	15.5	40	0	200	열림
6	24-5-6 0:00	16.7	50	0	200	열림
7	24-5-7 0:00	17.9	60	0	200	열림
8	24-5-8 0:00	19.1	70	30	200	열림
9	24-5-9 0:00	20.3	40	30	200	열림
10	24-5-10 0:00	21.5	50	0	200	열림
11	24-5-11 0:00	22.7	60	0	200	열림
12	24-5-12 0:00	23.9	60	0	200	열림
13	24-5-13 0:00	25.1	60	0	200	열림
14	24-5-14 0:00	26.3	60	0	200	열림
15	24-5-15 0:00	27.5	60	0	200	닫힘
16	24-5-16 0:00	28.7	60	0	200	닫힘
17	24-5-17 0:00	29.9	60	0	200	닫힘
18	24-5-18 0:00	31.1	60	0	200	닫힘
19	24-5-19 0:00	32.3	60	0	200	열림

시계열형 데이터베이스

연결된 형태고, 시계열형은 시간에 따라 순차적으로 저장된 형태다. 두 형태 가운데 분석하기 쉽게 만들어진 시계열형 데이터베이스가 더 편리하다. 데이터베이스는 구조에 따라 구조화된 데이터SQL: MySQL, PostgreSQL와 비구조화 데이터NoSQL : MongoDB, InfluxDB로도 구분한다.

데이터베이스를 설치하고 사용하는 방법은 관련 분야 도서나 웹사이트, 유튜브 등에 잘 나와 있으니 검색해 참고한다. 이 책에서는 데이터베이스 관련 용어와 원리 정도만 이해하면 된다.

데이터베이스를 설치할 운영체제는 윈도보다 우분투Ubuntu, 데비안Devian, 라즈비안Raspbian 등 리눅스 계열을 추천한다. 하드웨어는 저렴하면서도 스마트팜 시스템과 연동하기 쉬운 라즈베리파이나 오렌지파이 같은 싱글보드 컴퓨터가 좋다. 싱글보드 컴퓨터는 SD카드(메모리)에 운영체제를 설치하는 방식이다.

SD카드에 운영체제 프로그램을 설치하고, 싱글보드 컴퓨터의 SD카드 슬롯에 끼우면 작동한다.

SD카드에 운영체제를 설치할 때는 먼저 SD카드 리더기에 SD카드를 꽂는다. 라즈베리파이라면 www.raspberrypi.com/software에서 Raspberry Pi Imager 프로그램을 다운받아 설치한다. 프로그램을 실행해 라즈베리파이 종류, 운영체제 버전, SD카드 위치를 선택하고 Next 버튼을 클릭한다. 그다음 SSH 사용 체크, 사용자 이름과 비밀번호, Wi-Fi SSID와 비밀번호를 차례대로 설정한다.

오렌지파이나 다른 싱글보드 컴퓨터에 운영체제를 설치할 때는 본인이 구입한 싱글보드 컴퓨터 공식사이트에서 우분투, 데비안 등 리눅스 운영체제 파일을 다운받는다. 그리고 www.balena.io/etcher에 들어가 SD카드에 운영체제를 설치하는 프로그램을 다운받아 컴퓨터에 설치한다. 마지막으로 운영체제 파일 위치와 SD카드 위치를 설정하고, Flash 버튼을 클릭하면 운영체제가 설치된다.

라즈베리파이 OS 라즈비안 설치 화면

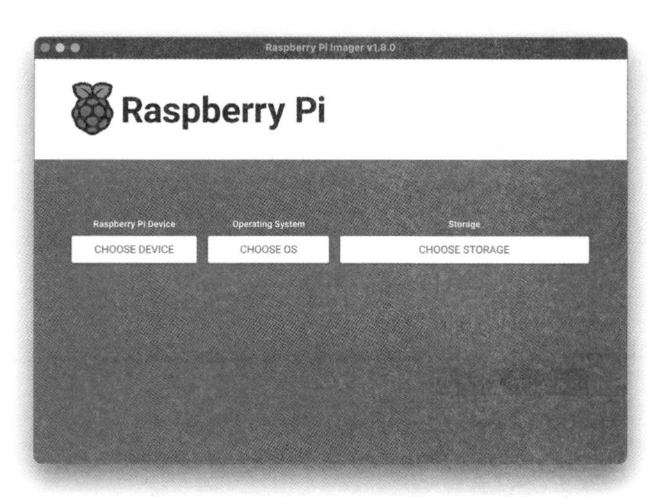

싱글보드 컴퓨터에는 기본적으로 모니터와 키보드가 없다. HDMI로 모니터를 연결하고, USB에 키보드와 마우스를 연결하면 일반 윈도와 같은 화면에서 작업할 수 있다. 또는 Wi-Fi나 인터넷 랜선을 연결해 다른 컴퓨터나 스마트 기기를 통해 싱글보드 컴퓨터에 원격 접속한 후 명령어로 작동시킬 수 있다. 싱글보드 컴퓨터, 클라우드, 서버 등에 원격 접속하려면 대표적인 SSH(네트워크를 통해 다른 컴퓨터에 안전하게 접속하는 표준 프로토콜) 프로그램인 푸티PuTTY나 모바엑스텀MobaXterm 소프트웨어를 본인 컴퓨터에 다운받아 설치한다.

이 소프트웨어에서 싱글보드 컴퓨터가 접속한 IP 주소를 설정하면, 싱글보드 컴퓨터에 접속하기 위한 아이디와 비밀번호를 입력하는 화면이 나타난다. SD카드에 운영체제를 설치할 때 설정한 아이디와 비밀번호나 디폴트값으로 설정된 아이디와 비밀번호를 입력하면 접속된다.

마지막으로 본인이 원하는 데이터베이스를 리눅스 명령어를 입력해 설치한다. 원격 접속 화면에서는 명령어만 입력할 수 있으므로 오로지 문자만 입력해 데이터베이스를 설치하고 설정해야 한다. 따라서 기본적인 리눅스 명령어를 배워야 한다. 데이터베이스마다 설치, 설정하는 방법이 다르니 인터넷 포털사이트나 블로그 등을 참고한다. 외부에서 데이터베이스를 이용하고 싶다면 클라우드 플랫폼인 AWSAmazon Web Services, Azure, Google Cloud PlatformGCP 등에 일정 비용을 내고 사용한다. 이 가운데 아마존의 AWS는 1년 동안 프리티어Free-tier 계정을 쓰면 무료다. AWS에서 사용자가 운영체제를 선택하면 그에 맞는 가상의 컴퓨터 환경이 제공되고, 선택한 운영체제에 맞는 데이터베이스를 직접 설치해 이용할 수 있다. 이때 스마트팜 IoT 장치의 데이터가 인터넷을 통해 전송되도록 스마트팜 시스템에서 AWS에 접속할 수 있는 환경을 설정해야 한다.

다음은 AWS 프리티어 계정을 만들고 가상 컴퓨터 환경을 설정하는 방법이다.

AWS 홈페이지(aws.amazon.com)에 접속한다. 회원 가입 절차를 거쳐 AWS 프리티어 계정을 생성한다. 이때 영문 주소는 영문 주소 변환 사이트를 참고해 입력하고, 카드 결제 정보는 본인 신용카드 인증을 위한 것이니 카드 정보를 입력한다. 1년 후에는 유료로 전환되니 1년 전에 미리 서비스 해지를 신청한다. 그다음 전화나 문자로 확인 코드를 인증한다. 마지막으로 요금제 가운데 프리플랜 또는 무료요금제를 선택한다. 회원 가입을 완료했으면 회원 가입 시 입력한 이메일과 비밀번호로 로그인한다.

로그인을 하면 나오는 AWS management Console(AWS 관리 콘솔)를 클릭한다. 관리 콘솔 화면에서 EC2라는 가상컴퓨터 인스턴스Instance를 선택하고, 시작하기 버튼을 클릭한다. 운영체제는 우분투를 선택한다.

인스턴스 유형에서 프리티어가 가능한 t2.micro를 선택한다. 키페어를 생성하는 단계로, 원격으로 나의 가상컴퓨터에 접속할 때 인증 방식을 설정하는 것이다. 조금 복잡하니 관련 인터넷 사이트(개인 블로그)를 참고한다. 네트워크 설정은 기본값으로 하고, 스토리즈 구성(DB 구성 용량, 30기가 가능)은 16기가로 설정한다.

위의 단계가 완료되면 가상컴퓨터가 작동한다. 가상컴퓨터의 세부 정보나 보안, 네트워크, 스토리지 등 정보와 설정도 변경할 수 있다. 이 설정에 뜨는 퍼블릭 IP 주소는 공식적인 나의 가상컴퓨터 원격 접속 인터넷 주소다. IP는 한정된 자원이므로 불필요한 IP 할당을 막기 위해 IP를 할당받고(설정하고) 사용하지 않으면(접속하지 않으면) 요금이 부과되므로 유의한다.

마지막으로 본인의 컴퓨터나 노트북에서 PuTTY나 MobaXterm을 설치하고 접속 설정을 해준 뒤 접속하면, AWS의 가상컴퓨터로 들어가 데이터베이스를 설치할 수 있다. SSH 프로그램을 설치하지 않아도 EC2 Instance Connect를 설정하면 웹브라우저를 통해 접속할 수 있다. 원격 접속 이후에는 커맨드 창에서 본인이 원하는 데이터베이스를 설치할 수 있다. 데이터베이스에 다른 사람이 접속하지 못하게 데이터베이스에서 저장하거나 데이터를 조회할 수 있는 사람을 지정한다. 데이터베이스가 설치된 컴퓨터의 접속 주소, 아이디, 패스워드를 넣어야만 접속되는 단계를 거치도록 프로그래밍한다.

데이터베이스에서 데이터가 저장되는 형태는 엑셀과 비슷하다고 했다. 엑셀처럼 한 칸, 한 칸 각각의 값이 저장되는 것을 컬럼이라고 한다. 이 값들이 순차적으로 저장되는 줄은 열이라고 한다. 따라서 스마트팜의 상태 값을 저장하기 위해서는 센서 값을 일정 시간 주기로 데이터베이스에 꼭 저장해야 한다.

데이터 저장, 조회 같은 데이터베이스와 관련된 작업을 할 때는 명령어를 알아야 한다. 데이터베이스마다 규칙이 다르지만, 일반적으로 쿼리query라는 명령어로 데이터베이스를 조작한다. 대부분의 쿼리 명령어가 비슷하다. 일례로 SELECT는 컬럼명, FROM은 테이블명, WHERE는 조건이다. 데이터가 저장된 엑셀표(테이블 이름)에서 원하는 데이터(컬럼 이름) 가운데 조건에 부합하는 데이터만 선택하거나 조회한다. 명령어를 타이핑하지 않아도 데이터베이스 응용프로그램을 설치하면 엑셀처럼 데이터를 검색하고, 조회하거나 분석할 수 있다.

데이터베이스는 저장과 조회만 할 수 있다. 특정 데이터를 시각적으로 보고 싶다면, 데이터 분석 및 시각화 과정을 수행하는 프로그래밍을 하거나 데이터베이스 시각화 프로그램을 데이터베이스와 함께 설치해야 한다. InfluxDB와 함께 데이터 시각화 도구인 그라파나Grafana를 함께 설치하면 그래프, 차트, 분석 결과를 한눈에 볼 수 있다.

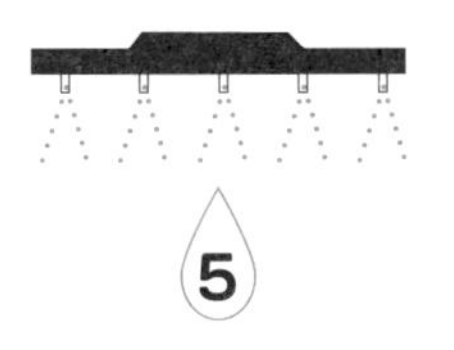

5

스마트팜에서 인공지능 활용하기

프로그래밍과 인공지능의 차이

인공지능 기술이 계속 발달하는 만큼 스마트팜에서 인공지능의 활용 범위도 넓어지고 있다. 카메라에 촬영된 이미지만으로 작물의 잎과 줄기, 열매를 구분하고 열매의 숙성 정도를 판별한다. 온실의 온도가 높아지거나 낮아질 것을 미리 예측해 온도와 관련된 장치들을 미리 작동시켜 급격한 온도 변화가 일어나지 않도록 한다.

스마트팜이라도 작물이 잘 자라는지, 질병이나 생리장해가 발생하는지 알려면 오랜 시간 작물을 관찰해야 한다. 인공지능을 활용하면 이동형 카메라가 지속적으로 작물을 촬영할 수 있다. 이렇게 촬영한 사진을 인공지능으로 학습된 데이터와 비교해 질병이나 생리장해가 있는지, 이런 문제가 생겼다면 그 원인은 무엇인지 쉽게 파악할 수 있다. 관찰에 드는 시간도 절약할 수 있다. 더 세분화하면 작물의 특성에 따른 개별 관리도 할 수 있다.

2021년 11월 정부에서 '대한민국 정책 브리핑'을 발표했다. 이 발표에는 인공지능에 관한 내용도 있는데, 인공지능이란 인간의 지적 능력을 컴퓨터로 구현하는 과학기술이라고 정의했다. 상황을 인지하고 이성적·논리적으로 판단하고 행동하며, 감성적이고 창의적인 기능을 수행하는 능력까지 포함한다.

인공지능은 프로그래밍과 무엇이 다른 걸까? 프로그램은 발생할 수 있는 수많은 조건을 고려해 소프트웨어나 기계, 장치가 작동하도록 만들었기에 예측한 답이나 결과만 보여준다. 반면 인공지능은 방대하게 학습된 지식을 토대로 스스로 추론하거나 다른 정보를 학습해 스스로 상황을 판단하고 그 결과를 행동으로 보여준다.

스마트팜에서 프로그래밍에 의한 제어는 미리 정의된 조건과 규칙에 따라 작동한다. 규칙 기반으로 작동하고 예측 가능한 결과를 보여주므로 환경 변화에 대응할 수 있는 능력이 제한적이다. 반면 인공지능에 의한 제어는 머신러닝, 딥러닝 등의 기술을 활용해 데이터를 분석하고 스스로 최적의 제어 방법을 학습해 대응하는 시스템이다. 데이터를 기반으로 학습하고 최적화해 환경 변화와 복잡한 조건에도 유연하게 대응할 수 있고, 예측 모델을 사용해 스마트팜에 발생할 수 있는 문제를 사전에 방지할 수 있다.

예를 들어보자. 프로그래밍에 의한 제어는 센서가 특정 값을 측정하면 특정 동작을 실행하도록 미리 설정한다. 온실 내부 온도가 섭씨 25도 이상이면 환풍기가 작동하고, 내부 습도가 60퍼센트 이하로 떨어지면 자동으로 온실의 미스트 발생 장치를 가동한다. 인공지능에 의한 제어는 제어 기준과 원리가 다르다. 먼저 날씨(기상) 데이터를 분석해 예상 기온 변화를 예측한다. 내부 온도가 섭씨 25도 이상 올라가도 날씨 데이터의 구름과 바람을 예측해 섭씨 26도 이상이 지속되는 경우에만 환풍기가 서서히 작동한다. 내부 습도가 60퍼센트 이하로 떨어져도 온실 외부의 습도와 날씨 데이터로 비 예보 시점과 강우 센서 데이터를 종합적으로 판단한 다음 미스트 발생 장치를 가동한다.

네덜란드의 식물공장 기업 플랜트랩PlantLab은 자연광 대신 LED 조명으로 작물을 재배한다. 카메라와 컴퓨터 비전을 통해 작물의 상태(잎의 건강, 색깔 변화, 병충해 징후) 데이터를 가지고 작물 생장이 정체되거나 병해충 발생 확률이 높아지는 패턴을 인공지능(머신러닝)이 학습한다. 이렇게 학습한 데이터에 따라 작물의 광합성 효율이 극대화되도록 LED 조명의 파장, 밝기, 시간을 제어하는 수준에 도달했다.

딥러닝과 머신러닝, 생성형 AI

넓은 의미에서 인공지능은 인간의 행위를 기계가 대신해 자동화할 수 있는 모든 방식과 프로그램이다. 인공지능은 발전 단계에 따른 구현 방식에 의해 딥러닝, 머신러닝, 생성형 AI로 나눈다. 딥러닝은 복잡한 신경망 구조를 통해 고도화된 분석과 학습을 수행하고, 머신러닝은 데이터를 학습하여 패턴을 발견하며, 생성형 AI는 창의적인 결과물을 생성하는 데 중점을 둔다.

딥러닝deep learning은 인공 신경망Artificial Neural Network(인간의 신경세포와 유사한 방식)의 한 종류로, 컴퓨터가 모델을 활용해 의사결정에 필요한 특징을 데이터로부터 알아서 추출해 최종 판단을 내리는 방식이다. 딥러닝은 대규모 데이터와 고성능 컴퓨팅 자원을 사용한다. 이미지, 음성, 자연어 처리 같은 비정형 데이터 분석에 강점을 가지고 있다. 딥러닝을 활용해 얼굴을 인식하거나 의료 영상에서 질병을 진단하는 이미지 인식, 음성을 텍스트로 변환(Siri, Google Assistant)하는 음성 인식, 주변 환경을 분석해 차량을 제어하는 데 활용한다.

스마트팜에서 딸기의 숙성 단계에 따라 안 익은 것, 덜 익은 것, 잘 익은 것으로 구분된 사진을 딥러닝으로 학습시킨다고 하자. 딥러닝은 스스로 판단하고 검증해 스스로 딸기를 분석하는 모델을 만들어낸 다음, 이 모델을 가지고 사진을 인식해 딸기의 숙성 단계별 결과를 보여준다. 이렇게 인공지능의 딥러닝을 활용하면 온실 안의 모든 딸기를 관찰하지 않고도 카메라가 이동하면서 딸기를 촬영해 안 익은 것, 덜 익은 것, 잘 익은 것이 각각 얼마나 되는지, 어느 구역에서 잘 익지 않았는지 알 수 있다. 그 결과에 따라 양분을 추가 공급하거나 온실 환경을 조정해 딸기가 잘 숙성되도록 할 수 있다.

머신러닝machine learning은 인공지능의 하위개념이다. 머신러닝은 딥러닝뿐만 아니라 의사결정에 필요한 데이터를 기계에게 학습시킨 뒤 학습 결과를 토대로 기계 스스로 판단하고 예측하게 한다. 그 판단과 예측에 따라 장치를 구동하거나 전기·전자적으로 자동화할 수 있다.

머신러닝은 데이터를 기반으로 패턴을 학습해 모델(일정한 규칙 등)을 생성한다. 패턴을 학습할 때는 회귀, 분류, 군집화 등의 다양한 알고리즘을 사용한다. 학습 방식에 따라 지도 학습, 비지도 학습, 강화 학습이 있다. 스팸 이메일과 정상 이메일의 패턴을 학습시켜 이메일 스팸 필터링에 활용하거나 사용자 선호도를 분석해 맞춤형 추천을 제공(유튜브의 영상 추천)한다. 스마트팜에서는 작물 상태를 분석해 병충해를 예측하는 데 활용하고 있다.

생성형 AI는 사용자가 입력한 단어나 문장을 이해해 텍스트, 이미지, 기타 미디어를 생성할 수 있는 일종의 인공지능 시스템이다. 2022년경부터 발전하기 시작한 인공지능 분야로, 단순히 기존 데이터를 분석하는 데 그치지 않고 새로운 콘텐츠를 만드는 데 초점을 맞추었다. 최근 이용과 활용이 높아진 ChatGPT가 생성형 AI다. ChatGPT에 단어와 문장, 음성과 영상을 대화하듯이 입력하면 관련 텍스트 정보뿐만 아니라 영상, 음악 등 미디어 콘텐츠까지 만들어준다.

스마트팜에서 활용하는 인공지능

스마트팜에서는 인공지능 가운데 주로 딥러닝과 머신러닝을 활용한다. 온실 환경의 데이터를 머신러닝으로 학습시킨 뒤 온실 장치나 시설의 작동을 판단하고 예측할 때 활용한다. 작물의 생육 과정을 사진으로 학습시키면 작물의 생육 상태, 질병 유무, 개화, 열매의 상태 등을 판단할 수 있다. 또 작물을 재배할 때 영양분 공급 시기와 수확 시기 등을 판단하거나 온실 환경을 조절할 수 있는 정보를 제공한다. 지금도 이런 인공지능은 사람을 대체하는 로봇 분야에서 활용되고 있다. 자동으로 움직이는 로봇에 설치된 카메라가 토마토를 실시간으로 촬영하면, 토마토의 모든 숙성 상태를 이미지로 학습한 인공지능 모델이 토마토가 얼마나 익었는지를 판별해준다.

이뿐만이 아니다. 로봇에 달린 인공지능 카메라가 토마토를 촬영해 어느 블록에 수확할 토마토가 얼마나 되고, 어느 블록의 토마토가 어느 정도 숙성되고 있는지를 파악해 토마토의 수확 시기를 스마트팜 시스템 화면에 표시해준다. 수확용 로봇도 인공지능으로 학습한다. 토마토의 줄기, 잎, 열매를 구분할 수 있는 이미지로 학습을 시키면, 카메라를 장착한 로봇 팔이 열매까지 접근한 다음 정확하게 토마토만 잘라서 바구니에 떨어뜨려 수확한다.

일부 스마트팜 농가에서는 인공지능을 활용해 작물 재배 과정을 모니터링하고 있으며, 시범적으로 인공지능 기능이 있는 로봇이 열매를 수확하고 있다. 그러나 아직 속도가 느리고, 장비가 너무 비싸 일반 스마트팜 농가에서 보편화되지는 않았다.

어느 정도의 컴퓨터 지식이 있는 일반인은 교육을 받으면 직접 딥러닝을 실행할 수 있다. 작물의 생육 단계나 작물의 병충해와 관련된 사진 이미지를 딥러닝으로 학습시켜 생육 단계나 질병의 유무와 증후 정도는 알 수 있다. 그러나 딥러닝으로 학습과 정밀도를 높이기 위해서는 수만 장의 이미지가 필요하고, 각 상태와 질병에 따라 학습시킬 사진을 분류한 다음, 사진에 마킹(라벨링 작업)을 하는 데 많은 시간이 걸리므로 쉽지는 않다. 당장 스마트팜 시스템에 적용할 수 있는 인공지능 모델은 온실 온도와 습도 정도다. 온실 환경의 가장 중요한 변수인 온실 내부와 외부의 온도, 습도 데이터를 1년 또는 일정 기간 단위로 학습시킨다. 그리고 외부의 온도 변화에 따라 내부의 온도 변화를 예측해 온도가 변화하기 전에 온실의 제어장치를 미리 가동하는 것이다.

컴퓨터와 프로그램 관련 지식이 있는 스마트팜 운영자라면 배워보는 것도 좋다. 단 여전히 전문성이 높은 분야이기 때문에 상당히 많은 노력을 들여야 한다.

앞으로 활용하게 될 스마트팜 인공지능

현재 사용하고 있는 스마트팜 시스템은 온실의 환경 제어나 양액 공급에는 별 무리가 없다. 앞으로 스마트팜에서 인공지능의 활발한 활용이 예상되는 분야는 노동력이 많이 투입되는 작물 관리 과정이다.

첫째 과채류는 노동력이 많이 드는 작물이다. 재배 과정에서 양질의 열매를 수확하기 위해 순지르기나 가지를 솎아내는 작업을 주기적으로 해주어야 하기 때문이다. 이런 작업을 할 때 작업 부위를 감지할 수 있는 인공지능이 장착된 카메라가 가위 같은 절단 기능을 가진 구동기기를 활용할 수 있다.

둘째 한 번에 수확하지 않고 여러 번 나누어 하거나 반복적으로 수확하는 작물은 이동성을 갖춘 차체 위에, 관절에 의해 움직이는 수확 장치가 달린 로봇팔이 인공지능 카메라가 판단한, 충분히 숙성된 열매를 수확하는 데에 활용될 것이다.

셋째 작물이 병해충에 걸렸는지 확인하는 것도 보통 힘든 일이 아니다. 일일이 확인해야 하고, 때로는 사람이 보지 못하는 경우도 있다. 레일이나 이동 장치에 달린 카메라가 이동하면서 일정한 주기로 모든 작물을 관찰해 이상증후가 발견되는 즉시 사용자에게 알려주거나 자동으로 방제 작업을 시행하는 과정에 활용할 수 있다.

넷째 이동형 장치에 장착된 인공지능 카메라가 작물의 생육 상태, 성장 과정을 촬영해 데이터에 저장한다. 이 데이터를 인공지능이 분석해 생장 시기에 필요한 영양분 공급, 온실 환경 조정 등의 정보를 알려준다. 또 자동으로 양액 공급 장치나 온실 구동기기를 작동시켜 작물에게 적합한 조치를 하는 과정에 활용된다.

마지막으로 작물이 잘 자랄 수 있는 적정한 온실 환경을 유지하기 위해 개폐기, 팬, 냉난방기 등을 가동했던 과거 데이터를 인공지능에게 학습시킨다. 그러면 어떤 장치를 언제, 어떻게 가동했을 때 최적의 환경이 만들어졌는지 스스로 알아내 각종 장치가 최적화된 조건에서 작동하도록 할 수 있다. 작물의 이미지나 영상으로 기록된 생육 데이터를 인공지능이 학습하면 미세한 온습도 변화, 광합성 등과 같은 작물의 생장과 생리를 예측할 수 있다. 특히 질병이 발생하기 전 예후를 관측해 사용자에게 알려주면 발 빠르게 대처할 수 있다.

이처럼 스마트팜에서 인공지능이 할 수 있는 일은 무궁무진해서 스마트팜 운영을 더욱 효율적으로 할 수 있다. 충분한 양의 데이터를 인공지능으로 학습시키면 더 정밀하게 온실 환경을 조절할 수 있다. 사람이 하던 일을 기계가 하게 되니 노동력이 많이 감소하고, 관찰에 의존하던 작물 관리를 과학적으로 하게 되므로 필요 없는 비료도 줄일 수 있다. 또 온실에서 사용하는 전기, 냉난방 등을 효율적으로 할 수 있게 되어 에너지 비용도 줄어든다.

스마트팜에 직접 인공지능 적용하기

과거에는 딥러닝이나 머신러닝으로 데이터를 학습시키려면 사양이 좋은 그래픽카드가 장착된 컴퓨터가 필요했다. 요즘은 클라우드 서비스를 이용해 저렴한 비용으로 딥러닝이나 머신러닝이 가능해졌다. 스마트팜에 인공지능을 도입하는 데 필요한 기초 방법과 도구, 소프트웨어 등을 간략하게 소개한다.

스마트팜 데이터를 딥러닝으로 학습시켜 규칙을 알아내는 프로그램으로는 다음과 같은 것들이 있다. 텐서플로TensorFlow, 파이토치PyTorch, 케라스Keras 등이 대표적이고, 파이선Python 언어를 사용할 수 있으면 이런 프로그램을 사용하는 데 유리하다.

구글에서 개발한 텐서플로는 널리 사용되는 딥러닝 프레임워크다. CPU 및 GPU 가속을 모두 지원하므로 기계 학습 모델을 구축하고 학습시킬 수 있다. 전문적인 각종 신경망 학습에 사용되며, 이미 많은 사람이 사용하고 있는 프로그램이라서 관련 공개 자료나 방법도 많이 소개되어 있다.

파이토치는 파이선 프로그래밍 언어를 위한 오픈소스 머신러닝 라이브러리다. 파이선 사용자라면 사용하기 쉽고 간결하며, 구현이 빠르다. 동적 계산 그래프를 생성하는 방법인 디파인 바이 런Define by run을 채택해 코드를 깔끔하고 직관적으로 작성할 수 있다는 것도 장점이다. 학습 속도는 텐서플로보다 빠르나 아직 사용자나 예제가 많지 않다는 것이 단점이다.

케라스는 텐서플로의 단점을 보완한 프로그램이다. 텐서플로는 딥러닝 모델을 만들 때 기초 레벨부터 직접 작업해야 하는 단점이 있는데, 보다 단순화된 인터페이스를 제공한다. 케라스는 초보자가 몇 줄의 직관적인 코드만으로 딥러닝 모델을 만들 수 있게 되어 있다. 전문가는 네트워크 구조, 학습 과정 등 모델의 세부 사항을 원하는 대로 조정해 모델을 만들고 훈련시킬 수 있다. 다시 말해 케라스는 자동기어와 수동기어가 함께 있는 차와 같다. 초보자는 자동 변속기처럼 간단한 기능으로 쉽게 운전할 수 있고, 전문가는 수동 변속기처럼 복잡한 기능으로 정밀하게 운전할 수 있다.

이 밖에도 욜로YOLO, You Only Look Once가 있다. 사진이나 영상에서 사람이나 개, 고양이 같은 동물, 자전거, 자동차 같은 사물들의 객체를 실시간으로 구분하고, 검출하기 위한 딥러닝 기반의 네트워크다. 단순한 프로그램 구조 덕분에 이미지를 학습해서 작물의 상태와 질병 유무 등을 쉽게 검출할 수 있다. 현재 YOLOv8 버전까지 있다.

딥러닝 학습은 주어진 모델에 따라 데이터를 통해 패턴을 이해하고, 주어진 문제를 해결할 수 있도록(정답에 가까워지도록) 최적화되는 과정을 의미한다. 즉 학습은 예측 능력을 향상시키기 위해 반복하는 과정이다. 학습 모델에도 여러 종류가 있으나 몇 가지만 간략히 소개한다.

다층 퍼셉트론Multi-Layer Perceptron, MLP은 가장 기본적인 형태의 인공 신경망이다. 입력되는 부분에서 어떤 문제가 주어지면 은닉층에서 문제를 이해하고 문제를 푸는 과정을 거쳐 출력층에서 답을 작성한다. 이렇게 틀린 문제를 확인하고 다음에 더 잘 풀기 위해 복습하는 과정을 반복한다. 단순한 데이터는 잘 처리하지만, 이미지나 텍스트처럼 복잡한 데이터는 다루기 어렵기 때문에 주식과 같은 숫자 예측이나 기본적인 이미지 분류에 활용된다.

복잡한 데이터를 다루기 위해서는 순환 신경망이나 합성곱 신경망 같은 더 발전된 모델을 사용한다. 순환 신경망Recurrent Neural Network, RNN은 시계열 데이터나 순차 데이터를 처리하는 데 적합한 모델이다. 이전 상태의 정보를 기억해 학습하며, 텍스트 생성, 음성 인식, 주식 데이터 분석에 활용한다.

합성곱 신경망Convolutional Neural Network, CNN은 이미지나 비정형 데이터의 특징을 추출하는 데 특화된 모델이다. 합성곱convolution과 풀링pooling 연산을 통해 공간적 특징을 학습해 이미지의 패턴(엣지, 모양 등)을 효과적으로 인식한다. 이를 통해 개나 고양이 같은 이미지 분류, 자율주행차의 도로 표지판 인식, 의료 영상 분석(X-ray, MRI)에 활용한다.

이런 딥러닝을 프로그래밍할 때는 구글의 웹브라우저 방식의 구글 코랩Google Colab과 주피터 노트북Jupyter Notebook 같은 프로그램을 사용한다. 구글 클라우드를 통해 원격으로도 딥러닝을 할 수 있다.

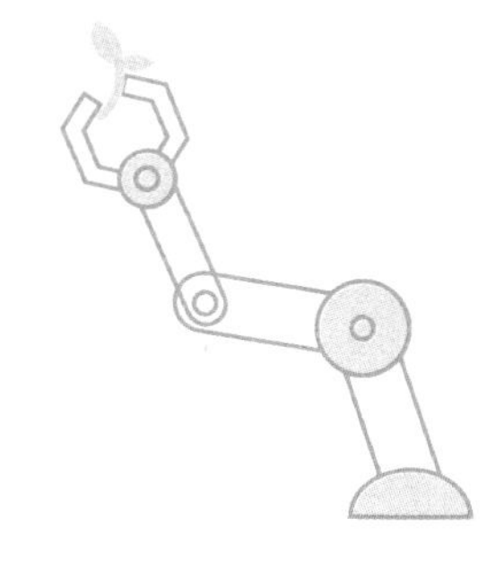

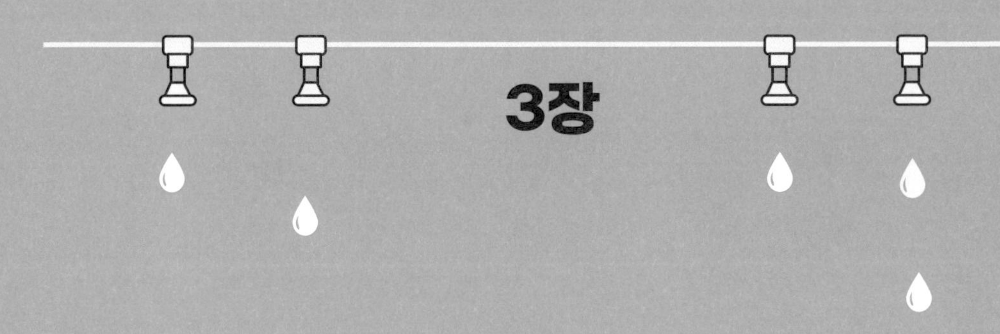

3장

스마트팜을 직접 구축하는 법

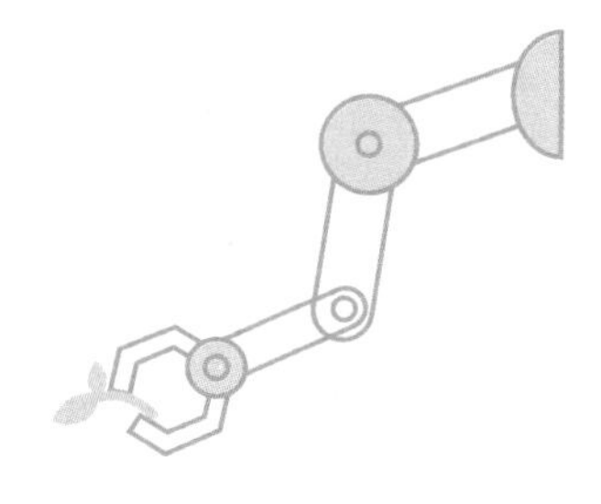

요즘 스마트팜은 농민뿐만 아니라 일반인들의 많은 관심을 받고 있다. 가장 큰 이유는 무엇보다 일반적인 농산물 재배 방식에 비해 노동력과 노동시간이 적게 들기 때문이다. 더욱이 원격으로 시스템을 제어하고 모니터링하는 스마트팜은 농장에 덜 방문하게 되므로 자유 시간을 활용할 수 있다. 그 자유 시간에 교육을 받거나 자기개발에 투자할 수 있다. 가족과 함께하는 시간이 늘어나는 등 삶의 질도 향상된다. 그러나 단점도 있다. 수익 규모가 큰 대신 초기 투자비도 많이 들고, 스마트팜에 처음 도전하는 사람은 실패할 확률이 매우 높다.

이런 장단점을 세세하게 따져본 뒤 스마트팜을 직접 만드는 농민이 늘고 있다. 스마트팜의 기능이 다소 부족해도 나만의 스마트팜을 가질 수 있다는 점, 상대적으로 설치비가 적다는 점, 직접 수리할 수 있다는 점 등에서 각광받고 있다. 그런데 스마트팜을 구축하다 보면 예상하지 못한 걸림돌이 생긴다. 처음 스마트팜을 만들 때는 관련 기관에서 의욕적으로 교육도 받고, 스마트팜 관련 블로그나 유튜브를 보며 정보를 모은다. 문제는 이렇게 모은 정보들이 단편적이라는 것이다. 결국 실무에 필요한 유용한 지식은 얻지 못하고, 시간 낭비만 하는 경우가 생긴다. 스마트팜을 구축하려는 사람은 꼭 전반적인 과정과 관련 지식을 체계적으로 습득해야 한다.

3장에서는 스마트팜을 구성하는 주요 요소들을 살펴보고, 스마트팜 온실의 구조, 스마트팜 구축의 기초가 되는 전기 이론, 장치와 기기를 설정하는 법, 네트워크를 구축하는 법 등에 관해 상세하게 알아보겠다. 이와 함께 스마트팜 구축 과정과 방법을 더 이해하기 쉽도록 초보 농부의 노트를 소개한다. 스마트팜을 구축하기 위해 초보 농부가 수행한 하루 동안의 활동을 기록한 가상 시나리오다.

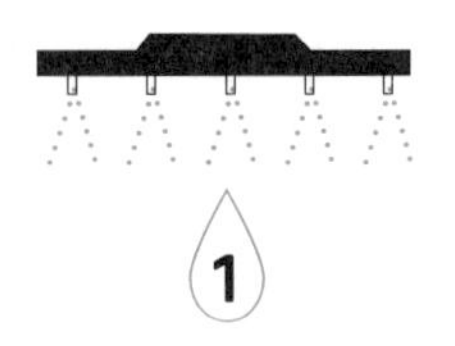

1

스마트팜 구축 계획 세우기

스마트팜에 관해 익혀야 할 체계적인 지식에는 어떤 것들이 있을까? 먼저 스마트팜의 주요 구성 요소를 알아야 한다. 스마트팜은 식물이 잘 자라는 환경을 조절할 수 있는 온실, 전기로 작동되는 다양한 온실 시설, 온실 환경을 측정하는 센서, 온실 시설을 제어하는 제어장치, 제어장치를 작동시키는 제어시스템, 농장 운영자가 온실 상황을 확인하고 원격제어할 수 있는 IoT 시스템으로 구성된다. 그리고 스마트팜의 본체라고 할 수 있는 온실과 그 기능을 이해해야 한다. 여기에 전기로 작동되는 온실의 시설과 구동기기를 사용하기 위한 전기·전자의 기본 원리, 구동기기의 작동 원리와 사용법, 구동기기를 제어하는 방법, 원격·자동 제어시스템 사용법, 인터넷과 스마트팜을 연결해 사용하는 방법을 배워둔다. 지금부터 이런 스마트팜 기초 지식에 관해 순서대로 알아보겠다. 하나씩 알아가는 과정에서 자연스럽게 스마트팜을 구축하는 방법을 배우게 될 것이다.

기존에 비닐하우스 온실을 가지고 있는 사람은 구동기기로 작동시킬 수 있

스마트팜의 주요 구성 요소

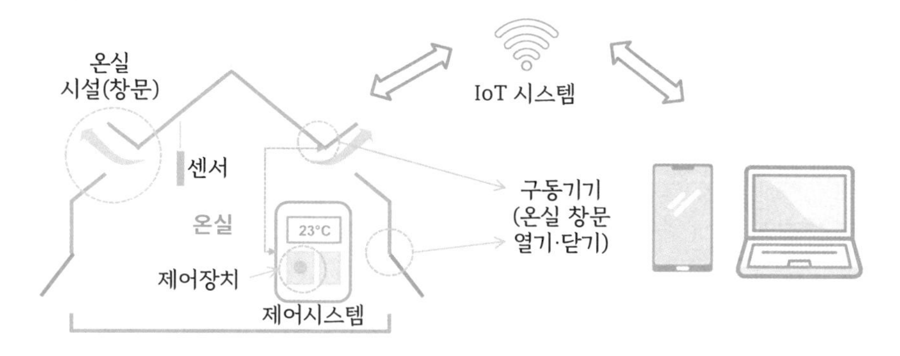

는 비닐하우스로 업그레이드한다. 온실이 없다면 본인이 키우고 싶은 작물의 특성에 따라 온도, 습도, 일조, 계절성 등을 고려해 개략적인 온실 규모와 형태, 설치할 시설 리스트를 작성한다.

온실과 관련된 각 시설과 명칭, 그리고 대표적인 작물의 재배 환경 기준은 농촌진흥청 농사로에 있는 《농업기술길잡이-시설원예》를 참고한다. 스마트팜에서 작물별 온실 환경 설정은 스마트팜 최적 환경 설정(토마토, 딸기, 파프리카) 데

토마토 온실 시설 리스트 작성 예시

구분	온실 및 작물 재배 환경	온실 시설
온실 온도(°C)	일일 평균 19.2~22.0 주간 평균 22.8~24.5 야간 평균 15.7~16.7	높이 자라므로 온실 높이는 8m 정도 온실 형태 및 규모는 둥근지붕의 단동 150㎡ 목표 온실 온도는 26°C: 지붕에 창과 환기 시설 온실 한계온도는 30°C: 차광커튼, 배기 팬, 유동 팬 겨울 대비 보온커튼, 여름 대비 쿨링포그 시설
온실 습도(%)	68.3~74	
하루 누적 일사량 (J/㎠/day)	제곱센티미터당 1,970~3,600	일조 조건이 우수한 방향으로 온실 설치 일조 고려해 투과율이 높은 피복재 사용
EC(dS/m)	2.45~2.51	수경재배를 위한 양액기, 양액 공급 시설 고설재배(높은 곳에서 하는 재배)를 위한 배지 시설
pH	5.79~5.81	

이터를 보면 좋다. 앞의 표는 3~6월 사이 완숙 토마토의 생산량이 높을 때 생육 환경을 기준으로 작성한 시설 리스트의 작성 예시다.

그다음 온실 시설을 작동시키는 데 필요한 구동기기 개수와 제어 방식을 선택한다. 구동기기란 모터 같은 기계의 동력 기구가 작동함으로써 물리적으로 기구나 사물이 움직이도록 만들어진 장치를 일컫는다. 이 구동기기들을 작동시키는 조건에 맞는 센서들의 명칭, 규격, 제어시스템과 연결하는 방식을 표기한 리스트를 작성한다. 다음 표는 예시이며, 상세한 설명은 뒤에 나오는 스마트팜 시스템 부분의 설명을 참조한다. 표에 없는 냉난방 방식은 냉난방기 종류, 지열

온실 구동기기와 센서 리스트 작성 예시

구분	명칭	기능	수량 및 규격
전기설비	배전함	전신주에서 농장까지 전기 공급	전기계량기 (전력량계)
	분전함	배전함 → 분전함 → 스마트팜	개별 누전차단기
센서장치	온습도 센서	온도와 습도 측정	출입구 근처, 중간
	풍향·풍속 센서	바람의 방향과 속도 측정	온실 외부에 1개소
	강우 센서	강우 유무 측정	온실 입구에서 바깥쪽으로 2m 지점
	조도 센서	빛의 밝기 측정	남쪽, 북쪽 각 지점
	CO_2 센서	온실 내부의 CO_2 측정	온실 내부에 2개
구동기기	측창 개폐기	비닐 필름을 감거나 풀어서 측면창 개폐	이중 하우스 포함 4개
	배기팬	온실 내부의 공기를 외부로 빼냄	온실 전후면에 각 1개
	유동팬	온실 내부에서 공기 순환	좌우 2개씩 3조 총 6개
	차광커튼 개폐기	차광막을 감거나 풀어서 차광 · 개방	예인 방식 개폐기 1개
	보온커튼 개폐기	보온 덮개를 감거나 풀어서 난방 · 개방	예인 방식 개폐기 1개
수경재배	양액기	수용성 비료 원액과 물을 섞어 공급하는 장치	시설 업자에게 의뢰
	양액 공급 배관	점적관수관 형태의 배관 라인 설치	

과 지하수 공급 방식, 열교환 방식을 결정한 후에 선정한다.

스마트팜 제어시스템은 제어장치와 이를 통제하는 중앙제어장치로 구성된다. 제어시스템은 컴퓨터 등을 이용해 특정 작업이나 공정을 감시, 제어해 목표하는 결과나 값을 얻는 시스템이다. 제어장치는 조작이나 작동을 통해 목표하는 상태로 변화시키거나 일정하게 유지하기 위한 장치이다. 또 컴퓨터 CPU처럼 명령을 받아 입력과 출력을 처리하고 연산을 수행하며, 메모리에 저장하는 장치이기도 하다.

중앙제어장치는 IC칩이나 CPU 같은 반도체로 구성된 보드board이며, 프로그램이나 소프트웨어로 제어장치를 통제한다. 제어장치는 단순한 기능을, 중앙제어장치는 복잡한 기능을 수행한다. 큰 온실의 중앙제어장치는 라즈베리파이 같은 싱글보드 컴퓨터를, IoT 기능을 가진 작고 단동인 온실에서는 ESP32급의 MCU 보드를 사용한다.

중앙제어장치 예시

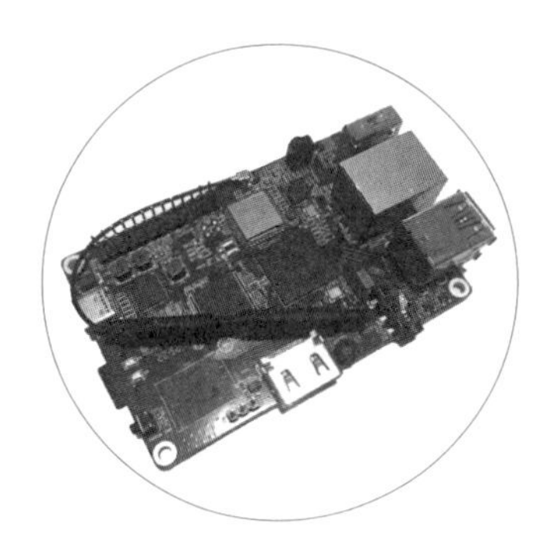

싱글보드 컴퓨터
일반 미니 PC에 준하는 사양과 기능

IoT MCU 보드
기본적인 제어와 Wi-Fi 통신이 가능한 사양과 기능

중앙제어장치를 작동시키기 위해서는 별도의 소프트웨어를 설치해야 한다. 소프트웨어를 개발하겠다고 프로그래밍 코딩까지 배우려면 많은 시간이 필요하다. 이미 만들어진 펌웨어 소프트웨어나 명령어를 사용하는 것이 아니라 화면에서 각 기능의 블록을 연결하는 것과 같은 비주얼 방식 프로그램의 오픈소스 소프트웨어를 선택하는 것이 좋다. MCU 보드의 펌웨어인 Tasmota, ESPHome은 코딩하지 않아도 사용할 수 있다. 싱글보드 컴퓨터에 사용할 수 있는 소프트웨어로 시각화된 노드레드는 코딩을 하지 않아도 쉽게 프로그래밍을 할 수 있다.

스마트팜은 온실이나 시설에서 작물을 키우기 위해 사람이 하던 일을 컴퓨터나 자동화 장치가 대신하는 농장이다. 작물 재배에 필요한 작업 과정 하나하나를 다음 표와 같이 시나리오로 만들면 본인만의 스마트팜 마스터플랜과 앞으로의 스마트팜 구축 계획을 더욱 편하고 쉽게 세울 수 있다. 센서, 구동기기, 제어장치를 어떻게 연결해서 작동시킬지도 시나리오를 만들면 이해하기 좋다. 제어의 흐름이 머릿속에 그려지지 않은 상태에서 무작정 시작하면 더 복잡하게 느껴진다.

이 자동화 시나리오를 다이어그램으로 만들면 더 구체적으로 이해할 수 있다. 다이어그램에는 각 장치가 작동하는 순서에 맞춰 화살표로 연결하고, 그 순서마다 어떤 역할을 하는지 간략하게 표시한다. 다이어그램은 종이에 그려도 되고, 파워포인트 같은 소프트웨어를 사용해도 좋다. 센서, 구동기기, 제어장치를 각각 다른 모양이나 색상으로 구분하면 한눈에 볼 수 있다. 또 각 장치 사이의 유선 연결과 무선 연결을 점선과 실선으로 구분하면 시스템을 설계할 때 도움이 된다.

스마트팜 자동화 시나리오와 다이어그램

사람이 하는 일		사람의 행동을 스마트팜 자동화로 대체
온도계를 본다	→	온도 센서가 온도를 측정해 측정값을 제어시스템으로 보낸다
온도가 높으면 창문을 연다	→	제어시스템이 측정 온도와 설정 온도를 판단해 온실 창문을 연다
펌프를 켠다	→	스마트폰 앱의 펌프 버튼을 터치해 펌프를 켠다
배기 팬을 켠다	→	스마트폰 앱의 배기 팬 버튼을 터치해 배기 팬을 켠다
비가 온다	→	강우 센서가 비를 감지해 강우 유무를 제어장치로 보낸다
비가 오면 창문을 닫는다	→	제어시스템이 강우 센서 값을 판단해 비가 오면 창문을 닫는다
펌프를 끈다	→	스마트폰 앱의 펌프 버튼 터치로 펌프를 끈다
배기 팬을 끈다	→	스마트폰 앱의 배기 팬 버튼을 터치해 배기 팬을 끈다
창문을 닫는다	→	스마트폰 앱의 창문 버튼을 터치해 창문을 닫는다. 이미 비로 인해 닫혀 있으므로 작동하지 않는다
농장에서 퇴근하기 전 온실 상태를 점검한다	→	스마트폰 앱의 스마트팜 상태 화면을 보면서 창문이 닫혔는지, 펌프와 배기 팬이 꺼져 있는지 확인한다

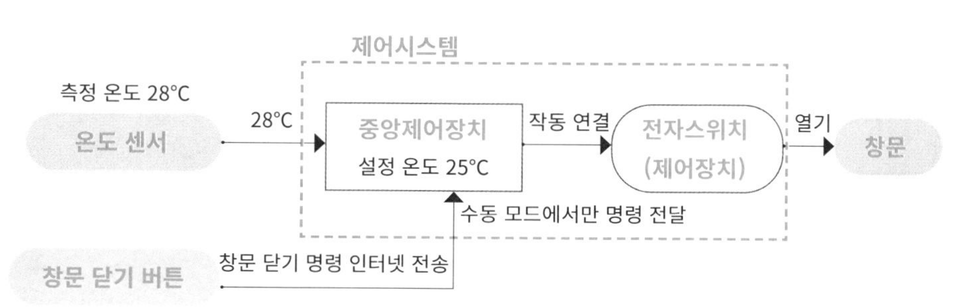

하루라도 빨리 스마트팜을 구축하려면 해야 할 일이 많다. 오늘만 해도 비닐하우스와 농장 밖을 바쁘게 오갔다. 비닐하우스 내부 환경을 점검하면서 조치를 취했다. 내가 직접 하고 있는 일들을 자동화시켜 스마트팜으로 전환하는 게 목표다. 이를 위해 스마트팜 자동화 시나리오를 작성했다.

첫째 비닐하우스에 가서 농작물을 살펴보고, 온도계를 켠다. 온도가 높다 싶으면 비닐하우스 양쪽에 있는 측창을 연다.

둘째 점심을 먹은 다음 오전부터 계속 틀어놓은 물이 고랑에 충분하게 고였는지 살펴본다. 물이 충분히 고였으면 펌프 스위치를 끈다. 비닐하우스 안이 너무 습한 것 같아 밖으로 공기를 빼주는 배기 팬을 작동시킨다.

셋째 필요한 농자재를 사기 위해 농자재 판매점에 가서 주인과 이런저런 이야기를 하는 사이 비가 온다. 서둘러 비닐하우스 문을 닫기 위해 농장으로 돌아온다.

넷째 비닐하우스에서 들어가자마자 측창부터 닫고 배기 팬도 끈다. 비가 와서 그런지 습도가 너무 높아 다시 배기 팬을 켰다.

다섯째 펌프는 꺼졌는지, 측창은 잘 닫혔는지 확인 후 배기 팬까지 끄고 집으로 돌아온다.

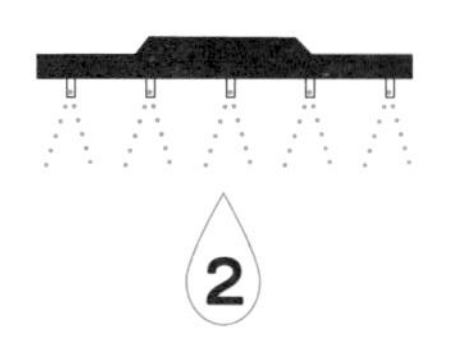

2

스마트팜 작물의 집, 온실

스마트팜은 온실 환경을 조절하는 장치, 구동기기, 센서가 많을수록 작물을 재배하기 훨씬 쉽다. 그렇다고 무조건 많다고 해서 좋은 건 아니다. 최소한의 시설과 장치라도 효율적으로 잘 활용하면 좋은 결과를 얻을 수 있다. 따라서 스마트팜 온실과 제어에 관해 명확하게 이해하는 것이 중요하다.

먼저 온실의 형태, 온실 시설의 기능과 특징을 알아보자. 온실은 작물을 재배하는 공간, 즉 작물들의 집이자 스마트팜의 주무대이다. 어떤 블로그를 보면 스마트팜 온실을 만들어야 한다고 설명한다. 스마트팜 전용 온실이 있는 건가 싶겠지만, 스마트팜 전용 온실이 따로 있는 건 아니다.

작물을 재배하는 공간이라면 규모가 큰 온실이 유리하다. 내부의 환경 변화가 적기 때문이다. 그러나 온실의 형태와 구조에 따라 용도가 서로 다르고, 기존 온실이나 소규모 온실에서도 얼마든지 스마트팜을 운영할 수 있다.

온실의 정의와 종류

온실은 구조물에 유리나 비닐필름 같은 투명한 피복재를 씌워 비, 바람, 눈을 막고, 태양으로부터 전달되는 열을 내부에 가둬 추운 계절에도 식물을 재배하는 공간이다. 원래 온실은 도시로 인구가 집중되면서 채소와 과일의 소비가 급증하자 겨울철에도 채소와 과일을 수확해 소득을 얻기 위한 용도였다. 점차 피복재와 구조재가 발전하면서 지금은 그 규모가 커지고 난방, 보온, 차광, 환기, 관수 장치 등 각종 부대 장치가 더해져 전천후 재배 시설로 자리 잡았다.

농촌에서는 설치비가 상대적으로 저렴한 아연강관 같은 경량 재질의 구조재로 온실 뼈대를 만들고, 비닐하우스용 비닐필름을 온실 전체에 피복재로 덮는다. 이와 같은 방식으로 만든 온실을 비닐하우스라고 부른다. 유리를 피복재로 사용하는 유리온실은 설치비가 비싸기 때문에 주로 식물원이나 특수작물 재배 온실에 쓴다.

스마트팜을 구축하려면 어떤 기상 조건에서도 제 기능을 다할 수 있는 온실을 설치해야 한다. 또 온실의 배치, 형태, 온실 시설의 명칭과 용도를 알고 있어야 각 기능을 어떻게 어떠한 방법으로 제어할지 구체적인 시나리오를 만들 수 있다.

온실의 종류는 크게 지붕의 형태에 따라 외지붕형, 3/4형(스리쿼터형), 양지붕형, 둥근지붕형, 연동형, 벤로Venlo형 등이 있다.

가장 많이 사용하는 양지붕형은 양쪽 지붕의 경사와 기울기가 똑같은 형태로 되어 있고 빛이 골고루 투과되어 실내 온도가 균일하며, 통풍에 유리한 일반 단독주택 모양의 온실이다. 특히 공간 활용도가 높다.

둥근지붕형은 지붕이 반원에 가까운 형태다. 채광성이 우수하고 그늘이 적어 채광이 유리하며, 지붕의 곡면이 커서 대형 작물을 재배하기에 좋다. 주변

다양한 온실의 종류

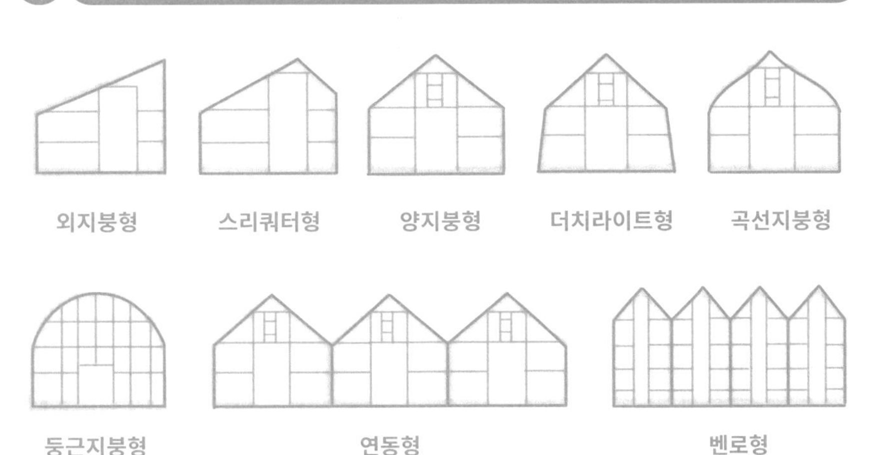

에서 쉽게 볼 수 있는 비닐하우스 온실 형태다.

연동형은 양지붕형이나 둥근지붕형의 단동 여러 개를 이어 붙인 형태다. 중간에 벽이 없어 사용할 수 있는 온실 면적이 넓고, 외부에 빼앗기는 열이 적어 난방비도 적게 든다. 단동을 여러 동 설치하는 것보다 설치비가 적게 든다.

벤로형은 지붕재의 길이가 짧고 간격이 넓으며, 지붕재가 트러스 형태의 보 위에 설치된다. 지붕재와 골격이 적은 만큼 광투과율과 채광성이 우수해 대규모 스마트팜 온실에 많이 적용된다.

온실의 종류를 결정하기 위한 조건

스마트팜 온실의 종류를 결정할 때는 여러 조건을 고려한다. 겨울철 난방비, 온실의 규모, 재배하려는 작물의 종류와 성장 형태, 빛을 좋아하는 호광성

작물인지 따뜻한 온도를 좋아하는 호온성 작물인지 등에 따라 달라질 수 있다. 작물의 재배 면적과 작물의 특성도 감안해야 한다.

일반적으로 양지붕형과 둥근지붕형은 태양 빛이 균일하게 들어오고, 측면과 천장의 창을 개방하면 환기와 통풍이 좋다. 이 형태의 온실에서는 다양한 작물을 재배한다. 3/4형은 온실을 동서로 길게 배치하는 형태다. 그래서 겨울에 보온 효과는 높으나 환기가 좋지 않아 주로 고온성 작물 재배에 사용한다. 외지붕형은 건물이나 축대의 벽면을 활용하는 형태라 한쪽 면은 단열이 잘돼 열손실이 적어서 겨울철 작물에 적합하다.

온실은 초기 투자비와 직결된다. 온실에 설치할 장치의 종류와 수량도 설치비에 영향을 주므로, 크고 복잡한 온실보다 작은 온실에서 직접 스마트팜을 구축해본 다음 확장하는 것을 권한다.

스마트팜을 구축할 때는 온실 각 부분의 기능과 역할을 잘 이해하는 게 무엇보다 중요하다.

먼저 피복재가 있다. 피복재란 온실의 지붕 및 온실 전체를 감싸고 있는 유리, PE 비닐 등을 말한다. 피복재는 비, 바람, 눈으로부터 작물을 보호하고, 겨울에는 내부 공기가 외부로 새어 나가지 않도록 차단해준다. 또 태양 빛에 데워진 열과 이를 흡수한 따뜻한 공기가 온실 내부에서 순환함으로써 내부 온도를 유지한다.

온실 피복재는 작물의 광합성작용에 필요한 특정 파장을 지닌 가시광선을 투과해 광합성을 촉진한다. 그러나 여름철 태양 빛은 이미 데워진 온실의 온도를 더 올려서 작물의 생장을 가로막거나 심지어 죽게 만들 수도 있다. 이때는 온실의 창을 열어서 온실 내부 공기를 배출해 공기를 순환시켜야 한다.

그다음 창이 있다. 온실에서 창은 아주 중요하다. 내부가 너무 더워지면 내부 공기를 외부로 배출하고, 작물의 광합성작용으로 소모된 이산화탄소를 외부 공기와 함께 들여온다. 내부에 축적된 습도를 낮춰 작물이 자라기 적당한 온습도로 유지한다.

온실 창에는 좌우측에 있는 측창, 지붕의 피복재를 여닫아주는 천창, 온실 지붕 중앙에 환기를 위해 설치하는 몽골식 환기창 등이 있다. 지붕의 모양을 따라 회전하거나 위아래로 움직이는 창도 있다.

요즘 기후는 시시각각 변화한다. 급변하는 조건에서 작물이 생장하는 데 적합한 환경을 만들어주려면 창만으로는 한계가 있다. 이 한계를 극복하기 위해 여름철에 한낮의 직사광선을 차단하고 그늘을 만들어주는 차광커튼, 겨울철 낮에는 열을 흡수하고 밤에는 외부의 찬공기를 차단해주는 보온커튼을 설치한다. 참고로 창이나 커튼을 여닫는 장치를 개폐기라고 하고, 전기 모터로 작동시키는 개폐기를 전동개폐기라고 한다. 전동개폐기는 모터가 피복재를 말거나 푸는 권취식, 피복재와 연결된 예인선을 당기는 예인권취식(드럼식)으로 구분한다.

온실 내부 온도가 급격히 증가하면 배기 팬을 가동해 데워진 공기를 강제로 배출한다. 배기 팬을 가동하면 뜨거운 공기는 위로 올라가고, 차가운 공기는 아래로 내려오면서 공기가 순환한다. 공기 순환에 의해 온실 내부가 열평형 상태가 되면 자연적인 공기의 움직임이 거의 사라진다. 이때 습한 공기가 밑으로 가라앉으면서 온실 위쪽과 아래쪽, 출입구와 중간, 모서리 같은 특정 지점이 지나치게 습해지거나 건조해진다. 이를 방지하기 위해 내부 공기를 순환시키는 유동 팬을 설치한다. 온습도 차이가 너무 커지거나 습도가 지나치게 높아져 곰팡이가 생기는 것을 막는 것이 목적이다.

스마트팜 시스템은 작물이 잘 자라도록 만드는 게 최우선이다. 이를 위해 시스템에 설정된 조건에 따라 센서의 측정 수치와 비교해 온실의 창, 팬, 커튼 등을 자동으로 작동시켜야 한다. 그리고 스마트폰 같은 스마트기기를 통해 원격으로도 작동시킬 수 있어야 한다.

스마트팜을 구축하다 보면 다양한 장치를 추가해야 하는 상황이 생긴다. 냉난방장치는 따뜻한 기후에서 자라는 작물을 겨울에 재배하거나 서늘한 기후에서 자라는 작물을 여름에 재배하기 위해 설치한다. 수경재배로 작물을 재배하는 경우에는 관수 장치, 양액 공급 장치, 양액의 EC와 pH를 측정하는 센서를 설치한다. 탄산가스 발생 장치나 빛과 광합성 관련 센서가 추가되기도 한다.

스마트팜의 모든 장치와 센서는 전기로 작동된다. 따라서 고장이나 응급상황이 생겼을 때 자가 수리를 할 수 있도록 기본적인 전기·전자 기초 지식을 꼭 습득해야 한다.

요즘 기후변화로 일조량이 부족해서 토마토에 착색이 잘 되지 않고, 소득도 좋지 않았다. 지금 사용하는 비닐하우스는 예전에 만든 온실이다. 이 온실로 스마트팜 자동화를 실현할 수 있을지 고민이다. 일단 온실의 각 부분과 장치를 이해하고, 기존 온실에 장치들을 추가한 후 기존에 키우던 작물을 재배할 생각이다.

우선 환기 팬이라고 알고 있던 배기 팬 외에 유동 팬이 있어야 한다. 겨울에도 토마토를 키우려면 보온커튼을 달고, 여름철 햇빛을 막는 차광커튼도 달아야겠다. 나의 비닐하우스는 돈 먹는 하마가 되는 것 같다. 그러나 돈이 어느 정도 들어도 카페에서 아메리카노 한 잔 마시면서 스마트폰으로 비닐하우스 장치를 작동시킬 수 있다니 얼마나 환상적인가? 그래, 스마트팜은 여유로운 삶을 위해 내가 선택한 것이다!

가장 중요한 걸 잊을 뻔했다. 갑자기 비가 내려 온실 창을 닫으려고 농장으로 뛰어가지 않으려면 강우 센서는 필수다.

이전에는 스위치로 비닐하우스 측면의 전동개폐기를 여닫았는데, 스마트폰으로 어떻게 원격제어를 하지? 농자재마트 사장님은 전기 방향이 바뀌도록 설정해서 개폐기를 여닫게 했다는데 무슨 소리인지 하나도 모르겠다.

집 전구 하나도 못 고치는 내가 전기를 배울 수 있을까? 어떻게든 한번 해보자!

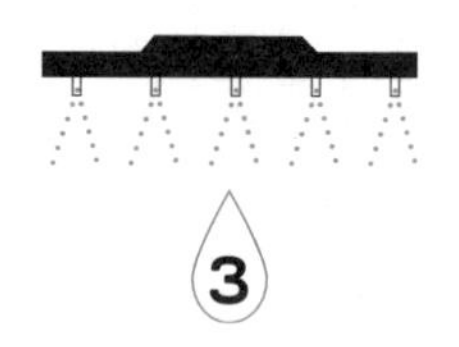

3

스마트팜의 기본, 전기의 원리 이해하기

스마트팜에 도전하고 싶어 하는 많은 사람이 비슷한 고민을 한다. 스마트팜의 기본은 전기라는데 지식이 없다. 그런데 과연 스마트팜을 만들 수 있을까라는 점이다. 집에 있는 전자제품은 일상에서 늘 사용하고 있고, 벽에 있는 콘센트에 플러그만 꽂으면 작동한다. 그래서 굳이 전기를 몰라도 별 상관없을뿐더러 고장 나도 수리점에 맡기면 그만이다.

그러나 스마트팜 시스템에 연결해 작동시키는 전동개폐기, 팬, 펌프 등은 모두 직접 전선을 연결해 장치가 작동되도록 해야 한다. 결국 전기의 원리를 알지 못하면 스마트팜을 직접 만드는 것은 불가능하다.

전기는 발전소에서 생산되어 집, 회사, 공장 등에 공급된다는 사실은 상식일 테지만, 전압과 전류는 중학교 과학 시간에 배운 이후로 잊어버렸을 것이다. 직접 스마트팜을 만들려면 전압과 전류의 개념을 다시 배워야 한다.

물레방아는 일정한 높이(수압)의 물이 물레방아의 날개에 떨어지면서 날개를 한 칸씩 움직임으로써 회전한다. 일정한 높이에서 일정한 양(수량)의 물이 계속 물레방아로 떨어지지 않으면 물레방아는 돌아가다 멈춘다.

물레방아의 회전 원리와 비교할 때 전압은 물레방아를 움직이는 물의 높이와 같고, 전류는 계속 흐르는 물의 양이다. 물레방아의 크기가 크면 물의 높이가 높아야 하듯 전압이 커야 하고, 물레방아를 회전시키려면 일정한 높이에서 늘 같은 양의 물이 떨어져야 하듯 전류도 일정한 양이 계속 전선을 통해 흘러가야 한다. 만약 물레방아는 작은데 너무 높은 곳에서 물이 떨어지면 압력이 지나치게 커서 파손될 것이다. 마찬가지로 작은 전압이 필요한 전자제품에 높은 전압이 공급되면 고장 나고, 동일한 전압에 전류가 너무 크게 흐르면 전선이나 전자제품이 파손된다.

스마트팜 장치의 전압과 전류

스마트팜 장치에 표기된 전압과 전류를 알아보자. 어떤 펌프 사용설명서에 '단상교류(AC) 220V 60Hz, 소비전력 59W'라고 표시되어 있다. 220V는 익숙하지만, 교류나 소비전력은 잘 모르는 사람이 많다. 한국전력에서 가정이나 농장 등에 공급되는 전기는 교류AC고, 건전지를 넣는 TV 리모컨 등은 직류DC다. 교류는 전기의 크기나 흐르는 방향이 주기적으로 변하지만, 직류는 바뀌지 않고 일정하다. 즉 이 펌프는 교류 220볼트V의 전압이 1초에 60번 진동(국내 기준)하는 전기를 사용하는 제품이고, 시간당 59와트W만큼 전기를 소비한다는 뜻이다. 전력(W)을 구하는 공식은 전압(V)×전류(A)다. 즉 전류는 전력÷전압이므로 약 0.27암페어A만큼의 아주 작은 전류를 사용한다는 의미다.

왜 교류와 직류를 구분해 사용하는 걸까. 교류는 멀리까지 전기를 보낼 수 있다. 그러나 직류는 전기를 멀리까지 보낼 수 없어 발전소에서 집까지는 교류로 보내고, 반도체 등 미세한 회로를 작동시키는 전자제품은 직류를 사용하도록 만들어져 있다.

직류를 사용하는 전기(건전지)는 +극, −극으로 전기가 흐르는 방향이 표시되어 있다. TV 리모컨, 시계, 장난감에 건전지를 넣을 때는 +극, −극 방향에 맞게 넣어야 작동한다. 반면 교류는 콘센트에 플러그를 꽂으면 방향과 상관없이 전기가 흐른다. 사용하는 전류가 다르므로 직류장치에는 직류끼리 연결하고, 교류장치에는 교류끼리 연결해야 한다.

직류와 교류를 구분해야 하는 이유는 스마트팜에 설치하는 전동개폐기, 팬, 펌프만 보더라도 알 수 있다. 일반적인 전동개폐기는 직류 24볼트, 예인식 개폐기와 팬, 펌프는 교류 220볼트이다. 만약 24볼트 직류 개폐기에 직접 교류 220볼트를 연결하면 펑 하는 소리와 함께 순식간에 파손된다.

직류는 토머스 에디슨이 발명한 공급 방식이다. 직류의 가장 큰 단점은 전기를 멀리까지 보내지 못하기에 발전소가 가까이 있어야 한다는 것이다. 직류의 단점을 보완하기 위해 니콜라 테슬라가 교류 방식을 발명한다. 교류는 전기를 멀리까지 보낼 수 있다는 것이 제일 큰 장점이다. 그래서 발전소에서 전기를 송전할 때는 교류를 사용하고, 가정에서 사용하는 전자제품은 변압기에서 교류를 직류로 변환해 작동한다. 가령 교류 220볼트 콘센트에 플러그를 꽂으면, 전자제품 내부에 있는 변압기가 교류를 직류 3~12볼트로 변환해준다.

컴퓨터 뒤 전기선을 연결하는 부분에 있는 파워서플라이, 노트북과 연결된 전선에 달린 검은색 박스 모양의 어댑터, 스마트폰 충전기에도 변압기가 장착되어 있다. 보통 교류-직류컨버터AC/DC converter라고 부른다.

다음 표는 스마트폰 충전기에 적혀 있는 전압의 사양이다. 스마트폰 충전기는 220볼트의 교류전기를 받아 5볼트의 직류전압을 1.2암페어만큼 일정하게

충전기 표시

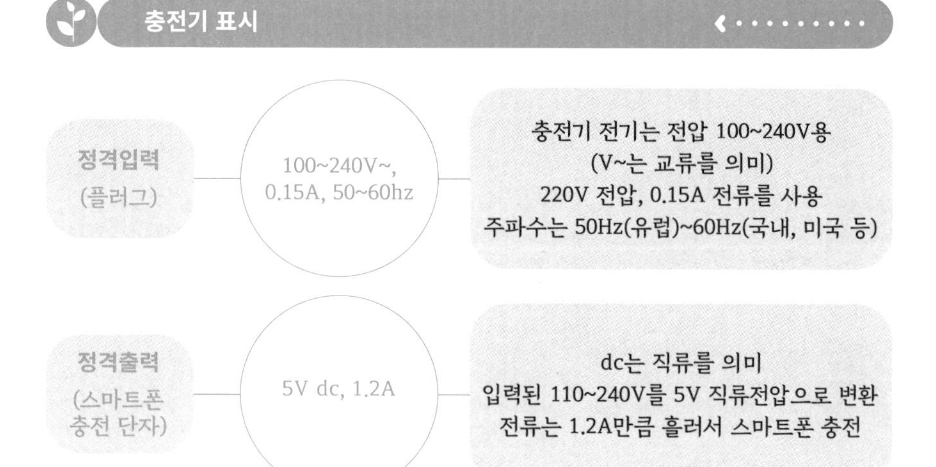

정격입력
(플러그)
100~240V~,
0.15A, 50~60hz
충전기 전기는 전압 100~240V용
(V~는 교류를 의미)
220V 전압, 0.15A 전류를 사용
주파수는 50Hz(유럽)~60Hz(국내, 미국 등)
정격출력
(스마트폰
충전 단자)
5V dc, 1.2A
dc는 직류를 의미
입력된 110~240V를 5V 직류전압으로 변환
전류는 1.2A만큼 흘러서 스마트폰 충전

변환(출력)시킨다는 말이다. 즉 스마트폰과 연결된 충전 단자를 통해 스마트폰에 전기를 공급해 충전할 수 있다.

온실 창을 여닫아주는 전동개폐기는 직류 24볼트, 온습도를 측정하는 센서나 비를 감지하는 강우 센서는 직류 5~12볼트가 필요하므로 스마트팜 시스템을 만들 때 교류-직류컨버터가 꼭 있어야 한다. 주로 SMPSSwitched-Mode Power Supply(스위치 모드 전원 공급 장치)와 리니어 파워서플라이Linear Power Supply를 사용한다.

SMPS는 입력받은 교류를 직류로 변환하고 필터링한다. 변환된 직류를 특정 주파수로 스위칭해 교류로 만든 후, 다시 변압기에 입력해 생성된 출력을 다시 직류로 변환하는 복잡한 과정을 거친다. 높은 효율성과 소형화가 장점이나 회로가 복잡하다는 단점이 있다.

리니어 파워서플라이는 변압기를 이용해 교류의 전압을 낮추어준다. 낮춘 전압은 교류를 직류로 바꾸어주는 정류기diode bridge를 통해 직류로 바뀌고, 레

교류-직류 변환 개념도

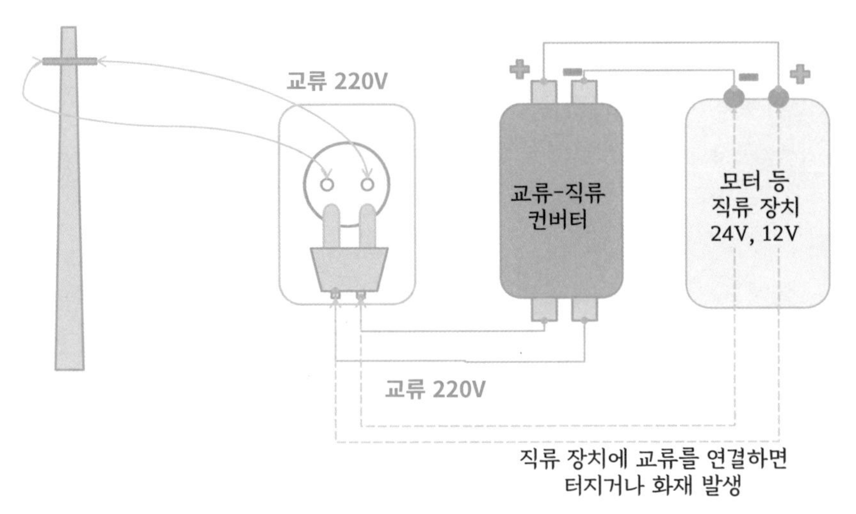

귤레이터regulator가 안정적인 전압이 출력될 수 있도록 한다. 리니어 파워서플라이는 응답 속도가 빨라 아날로그에서 주로 사용되며, 효율성이 좋지 않고 열이 발생한다는 단점이 있다.

교류 220볼트가 필요한 장치에는 교류 220볼트 전선을 연결하면 된다. 직류가 필요한 장치에는 교류-직류컨버터에서 변환된 직류를 +극, -극과 일치하게 전선을 연결해야 하며, 직류와 교류 모두 전압이 일치해야 장치가 제대로 작동한다. 따라서 농장에 인입된 교류 220볼트를 여러 곳에 사용할 수 있도록 전기를 분배하는 분전반(누전차단기가 있는 박스)을 설치한다. 이 가운데 하나를 교류-직류컨버터에 연결해 전동개폐기, 스마트팜 시스템 등과 연결하는 방식으로 스마트팜을 구축한다.

일반적으로 교류-직류컨버터를 시스템 내부에 설치하고, 전동개폐기의 전선을 길게 늘려 스마트팜 시스템과 연결한다. 전동개폐기 장치가 많은 경우, 정

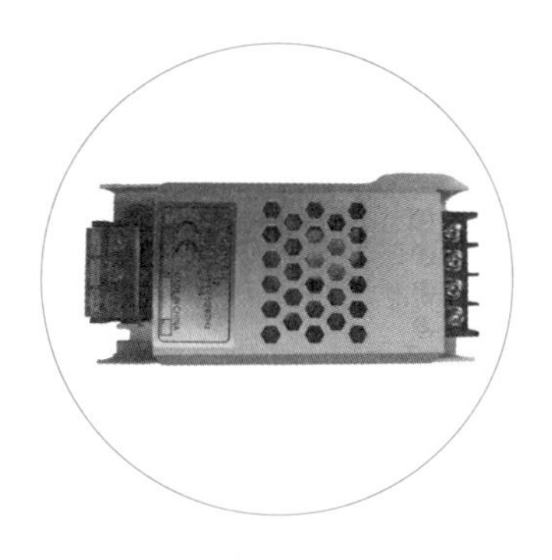

대용량 SMPS(220V → 12V, 33.3A)

소용량 SMPS(220V → 12V, 5A)

전에 대비한 무정전 전원장치 박스에는 별도의 교류–직류 컨버터를 설치하기도 한다.

출력전압과 전류용량이 각기 다른 SMPS를 구입할 수도 있다. 전압은 9~48볼트까지 있고, 용량도 4,000와트(전력=전압×전류)까지 구입할 수 있다. SMPS는 입력(교류)과 출력(직류)에 전선을 연결해 교류 220볼트를 입력받아 직류로 변환한다. 이때 220볼트 콘센트에 꽂는 플러그와 연결된 갈색, 파란색 선을 각각 SMPS의 교류 입력 부분인 N, L로 표기된 곳에 연결한다. 마지막으로 V–, V+로 표기된 곳에 각각 선을 연결한 후 직류전기를 사용하는 장치의 +극과 –극에 연결해 사용하면 된다. SMPS를 만드는 회사마다 표기 방식은 조금 다르나 직류 출력 부분에는 모두 +극, –극이라고 표기되어 있다.

스마트팜 시스템을 구축하다 보면 직류를 사용하는 모든 기기와 장치가 각기 다른 전압을 사용한다. 그렇다고 각 전압에 필요한 SMPS를 따로 구입하는 것이 아니라 직류–직류컨버터가 다양하게 있으니 같은 직류의 전압을 낮추어주

직류-직류컨버터 모듈

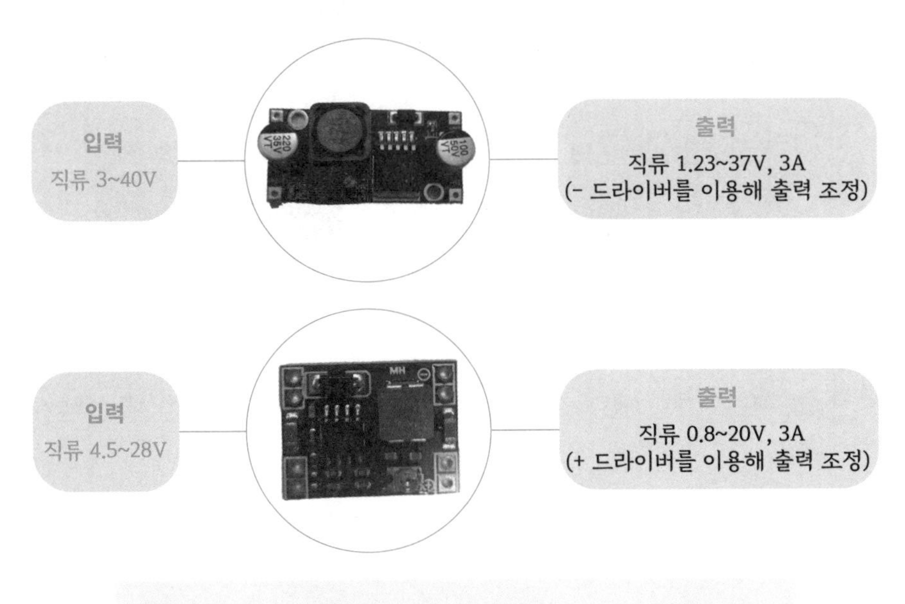

■ 출력전압이 고정된 모듈, 입력과 출력부 커넥터 타입 모듈 등 다양

는 스텝다운 컨버터step-down converter를 함께 사용한다.

SMPS와 컨버터, 그리고 스마트팜에서 교류를 사용할 때는 전류와 전류의 용량을 계산하는 게 중요하다. 24볼트 2암페어짜리 전동개폐기 두 개를 사용한다면 SMPS는 24볼트 4암페어(2+2) 이상이어야 하며, SMPS 출력용량의 60~70퍼센트까지만 사용해야 한다. SMPS 용량은 어떻게 계산할까? 출력용량의 70퍼센트를 허용한다고 할 때 공식은 스마트팜에서 사용하는 직류장치의 전류의 합÷70×100으로 계산한 값 이상이다.

직류-직류컨버터 모듈도 출력에서 사용할 기기의 전류 소비량을 계산한 다음 연결해야 한다. 교류 전선, 플러그, 멀티탭의 허용전류가 정해져 있다. 예를 들어 220볼트 10암페어의 전선과 콘센트에 연결하는 모든 기기의 전류 합은 10암페어의 60~70퍼센트인 약 6암페어만 연결한다. 10암페어를 넘으면 화재가 나거나 기기가 파손될 수 있다. 전선이나 멀티탭 용량은 사용하는 교류장치의 전류의 합÷70×100으로 계산한 값 이상이다. 따라서 예로 든 멀티탭에 연결된 전자제품 전류의 합은 6암페어÷70×100의 값인 8.57암페어이다. 그러나 8.57암페어의 멀티탭이 없기 때문에 가장 가까운 용량인 10암페어 멀티탭을 사용한다.

앞서 직류장치에 교류 220볼트를 직접 연결하면 파손된다고 했다. 그런데 스마트팜 제어장치가 직류라면 어떻게 교류 220볼트를 켜거나 끌 수 있을까? 서로 다른 전압의 기기를 켜고 끄거나 열고 닫을 때는 제어장치인 전자스위치(릴레이)가 필요하다. 스마트팜 시스템에서 전자스위치는 전기(신호)를 받아 전자스위치와 연결된 전동개폐기, 팬, 펌프 등을 작동시킨다.

초보 농부 노트 3

김 박사의 설명을 들어도 여전히 어렵다. 그래서 그냥 한전에서 보내주는 전기는 교류, 전자제품 내부 전자회로에서 사용하는 전기는 직류라고 이해하기로 했다. 직류는 +극, -극이 있어 건전지처럼 +극, -극에 맞춰 연결해야 하고, 극성이 없는 교류는 두 개의 선을 연결하면 된다.

직접 눈으로 확인해보기 위해 우리 비닐하우스 온실에 있는 제어장치 박스를 열어봤다. 수많은 전선이 감겨 있는 부품이 일종의 변압기인 교류-직류컨버터라는 것을 알 수 있었다. 전동개폐기가 직류 24V인 것도 처음 알았다.

이런 건 다른 농부들도 잘 모를 것이다. 비닐하우스 설치 업체에서 제어장치 박스도 설치해주었으니 스위치로 작동만 했지, 그 내부를 본 적은 없기 때문이다. 온실에서 사용하는 전동톱, 전동가위도 찾아보니 각각 12V, 18V라고 표기되어 있다. 전동드릴과 전동분무기를 살 때 농자재마트 사장님이 설명해준 내용이 이제야 이해된다. 충전기를 잃어버려서 사용하지 못했던 전동공구도 같은 전압과 전류의 충전기와 연결하니 충전이 잘된다. 신기하다.

스마트팜 박사는 아니어도 일단 전기 박사는 된 것 같다. 스마트팜을 직접 만들면서 그동안 남의 도움만 받던 일을 스스로 할 수 있게 되다니, 금방이라도 괜찮은 스마트팜을 만들 수 있을 것 같다.

전기 작업 중 다음은 꼭 명심하자!

교류는 교류끼리 연결하고, 직류는 직류끼리 연결해 사용해야 한다.

직류는 +극, -극이 있기 때문에 극성의 방향에 맞게 연결해야 파손되지 않는다.

교류를 직류로 바꾸어주는 장치가 변압기이며, SMPS와 리니어 파워서플라이가 있다.

교류든 직류든 전압이 같아야 사용할 수 있다. 기기의 허용전압보다 높으면 파손된다.

기기들의 전압이 일치한다 해도 전류의 양에 맞추어 연결해야 한다.

콘센트 용량보다 높은 전류를 사용하는 전열기기를 연결하면 화재가 발생한다.

사용하는 전동개폐기 전류량의 모든 합이 SMPS 출력전류보다 높으면 SMPS가 파손된다.

전원이나 SMPS, 컨버터 모듈, 전선, 콘센트, 플러그는 사용 전류량의 60~70퍼센트만 사용해야 한다.

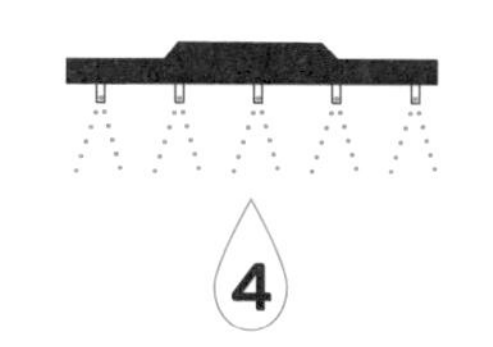

4 사람의 일을 대신하는 스마트팜 제어와 릴레이

릴레이의 역할과 종류

앞서 초보 농부가 작성한 스마트팜 자동화 과정 시나리오를 조금 더 구체화해보자. 시나리오에 실제 부품을 적용해 스마트팜 시스템이 작동하도록 만드는 과정이다. 다음과 같이 사람 행동–기기 작동 수행 명령–작동 결과 및 상태로 구성된 시나리오를 만들어본다.

시나리오와 같이 스마트팜 시스템은 시스템과 연결된 구동기기를 켜짐·꺼짐, 열기·닫기, ON·OFF로 작동시키는데, 이것을 제어라고 한다. 제어는 단지 켜고 끄는 것뿐 아니라 켜고 끄는 시간, 센서의 감지에 따른 피드백까지 포함한다.

스마트팜 시스템의 가장 기본적인 제어 기능은 전자회로나 프로그램으로 전자스위치를 작동시켜 최종적으로 전자스위치와 연결된 구동기기를 작동시키는 것이다. 이런 전자스위치 기능을 하는 제어장치를 릴레이라고 한다.

릴레이는 스마트팜에서 가장 많이 사용하는 전자스위치다. 릴레이는 전자

구체화시킨 자동화 시나리오

사람 행동		기기 작동 수행 명령		작동 결과 및 상태
온도계를 본다	→	온도 센서가 온도 측정	→	온도 값을 제어장치로 보냄
온도가 높으면 창문을 연다	→	제어장치가 측정 온도와 설정 온도 판단	→	전자스위치(ON)가 창문 열기
펌프를 켠다	→	스마트폰 앱에서 펌프를 켜는 버튼 터치	→	펌프와 연결된 전자스위치 ON
배기 팬을 켠다	→	스마트폰 앱에서 배기 팬을 켜는 버튼 터치	→	배기 팬과 연결된 전자스위치 ON
비가 온다	→	강우 센서가 비를 감지	→	감지 결과를 제어장치로 보냄
비가 오면 창문을 닫는다	→	제어장치가 비가 오는지 여부 판단	→	전자스위치(OFF)가 창문 닫기
펌프를 끈다	→	스마트폰 앱에서 펌프를 끄는 버튼 터치	→	펌프와 연결된 전자스위치 OFF
배기 팬을 끈다	→	스마트폰 앱에서 배기 팬을 끄는 버튼 터치	→	배기 팬과 연결된 전자스위치 OFF
창문을 닫는다	→	스마트폰 앱에서 창문을 닫는 버튼 터치	→	비가 와서 닫힌 상태이므로 작동하지 않음
농장에서 퇴근하기 전 온실 상태를 점검한다	→	스마트폰 앱에서 상태 메뉴 표시 확인	→	창문 닫힘 펌프와 배기 팬 꺼짐 상태 표시

 릴레이의 구조와 작동 원리

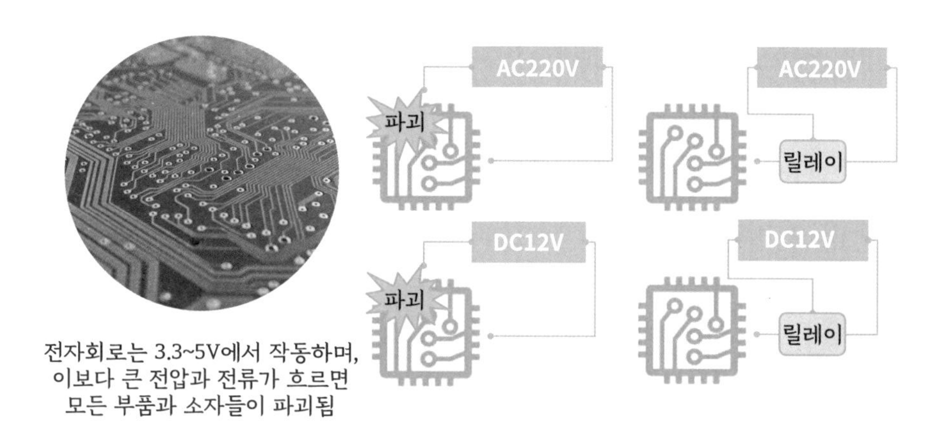

전자회로는 3.3~5V에서 작동하며,
이보다 큰 전압과 전류가 흐르면
모든 부품과 소자들이 파괴됨

석으로 되어 있어 전기가 통하면 작동하고, 전기를 끊으면 스프링에 의해 원래 있던 위치로 돌아간다. 자동차 방향지시등도 릴레이 때문에 등을 켜면 딸깍 딸깍 하는 소리와 함께 등이 점멸한다. 특히 자동차 릴레이에는 콘덴서condenser라는 부품이 있어 일정 시간 동안 껐다 켰다를 반복할 수 있다.

릴레이를 사용하는 것은 무거운 물건을 옮겨야 할 때 힘이 약한 사람이 힘이 센 사람에게 부탁해 물건을 옮기는 것과 같다. 스마트팜 시스템에서 사용하는 릴레이는 아주 작은 직류 입력전압(3~5볼트)에서 작동하는 반도체로, 큰 전압을 가진 교류 220볼트, 직류 24볼트 등의 장치를 제어한다.

릴레이가 어떤 원리로 작동하는지 살펴보자. 다음 위의 그림에서 왼쪽에는 입력에 전기를 공급하지 않았기 때문에 릴레이 내부의 스위치가 작동하지 않아 출력에 연결된 전등이 켜지지 않는다. 오른쪽은 전기를 공급했기 때문에 릴레이 내부의 스위치가 눌려 출력에 연결된 전등이 켜진다.

SPST 릴레이의 작동 원리

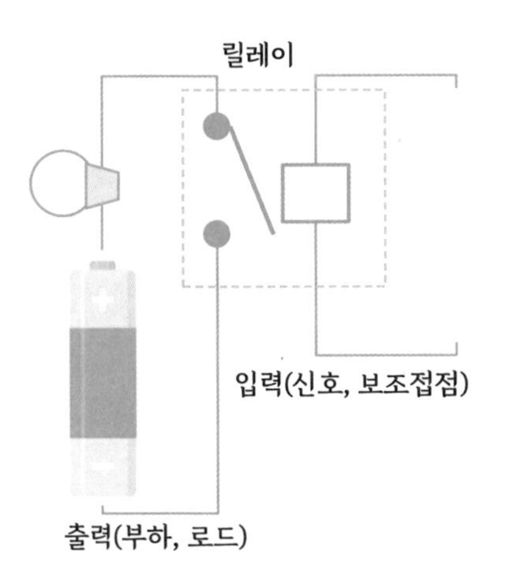

입력에 건전지 연결 안 함

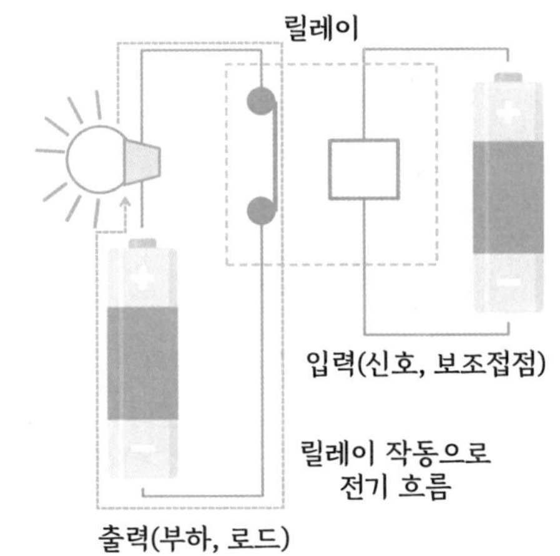

입력에 건전지 연결

SPDT 릴레이의 작동 원리

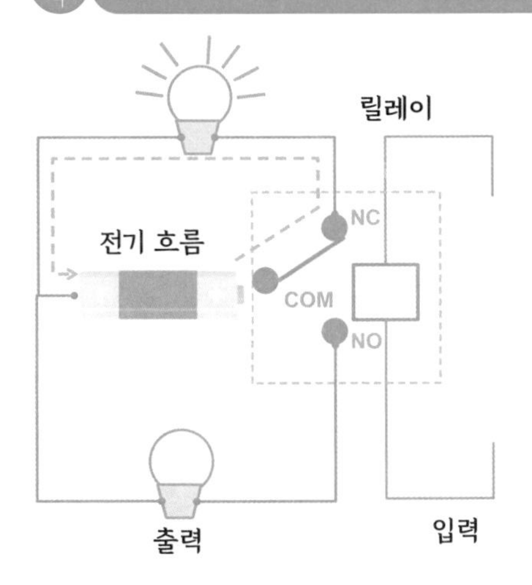

입력에 건전지 연결 안 함

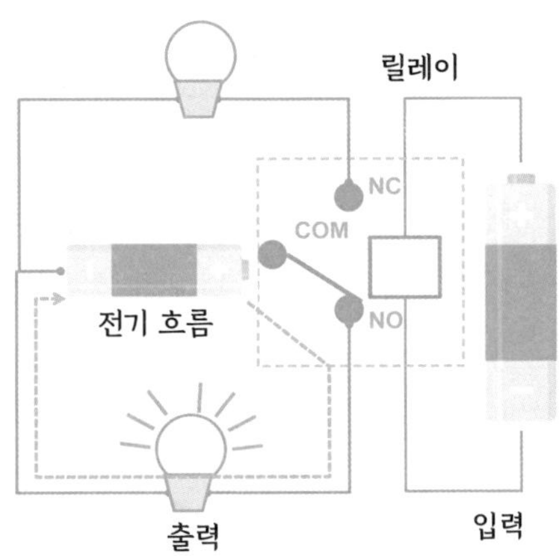

입력에 건전지 연결

대표적인 릴레이에는 SPSTSingle Pole Single Throw와 SPDTSingle Pole Double Throw가 있다. SPST 릴레이는 입력과 출력이 각각 하나이고, SPDT 릴레이는 입력은 하나인데 출력이 NO 단자(평상시 열림)와 NC 단자(평상시 닫힘) 두 개다. 평상시에는 스위치 철판이 COM 단자(공통)−NC 단자(항상 닫힘)에 연결되어 있다가 입력에 전기를 공급하면 COM 단자(공통)−NO 단자(항상 열림)가 연결된다.

SPDT 릴레이의 왼쪽 입력에는 전기를 공급하지 않아 건전지(+) → COM 단자 → NC 단자 → 위쪽 전등(켜짐) → 건전지(-)로 전기가 흐르고, 오른쪽 입력에는 전기를 공급해 릴레이가 작동하면서 NC 단자에 있던 스위치가 NO 단자로 움직여 건전지(+) → COM 단자 → NO 단자 → 아래쪽 전등(켜짐) → 건전지(-)로 전기가 흐른다.

릴레이 종류는 기호 P와 기호 T로 표기한다. SPST와 SPDT, DPST와 DPDT의 P 앞에 있는 SSingle(하나), DDouble(둘)는 입력 개수, T 앞의 S, D는 출력 개수를 구분하는 기호이다.

다음은 릴레이의 종류에 따라 표기된 기호를 나타낸 그림이다. SPST 릴레이는 용수철 모양의 코일에 전기를 공급하면 릴레이가 작동해 A−B가 연결되면

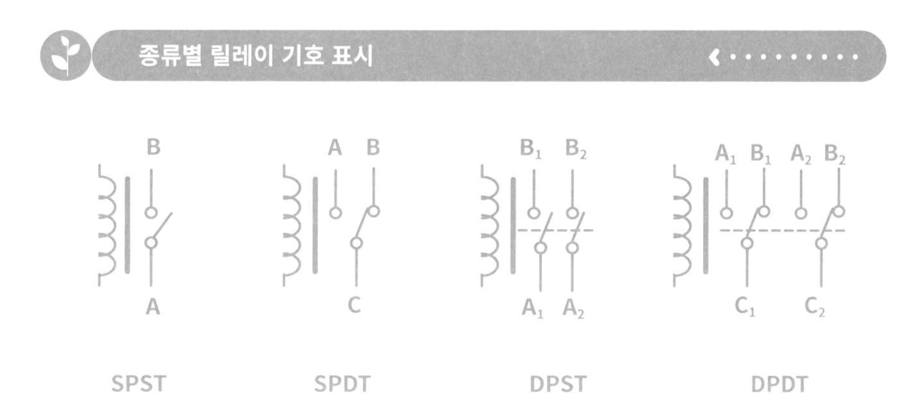

서 스위치가 눌려 닫히고(A-B 연결), SPDT 릴레이는 평상시에는 C-B가 연결되어 있다가 코일에 전기를 공급하면 C-B의 연결은 끊기고 C-A가 연결된다.

일반적으로 스마트팜에서 가장 많이 사용하는 릴레이는 SPDT다. SPDT 제품에는 A, B, C가 아니라 NO 단자, NC 단자, COM 단자라고 표기되어 있다. SPDT 릴레이의 COM 단자와 NO 단자에 기기를 연결하면 SPST 릴레이처럼 사용할 수 있다. 따라서 릴레이를 구매하거나 사용할 때는 제품에 표기된 규격을 알고 있어야 한다.

릴레이 모듈의 역할과 종류

릴레이를 전자회로 기판에 장착해 사용하기 쉽게 만든 장치를 릴레이 모듈 relay module이라고 한다. 채널channel은 릴레이 모듈에 몇 개의 릴레이가 장착되어 있는지 나타내는 용어다.

다음 그림과 같이 스크루 나사로 되어 있는 부분이 출력이고, 핀처럼 나와 있는 부분이 입력이다. 릴레이 모듈을 사용하려면 VCC는 +극, GND는 -극과 연결한다. 05VDC는 직류 5볼트 전원을 입력하는 말이다. IN은 릴레이를 작동하기 위한 전기 입력(직류 3~5볼트 전기(신호)로 작동)이며, 4채널 릴레이에는 각각 IN 1~4가 표기되어 있다. 출력에 표기된 10A 250VAC는 250볼트(교류) 10암페어, 10A 30VDC는 30볼트(직류) 10암페어까지 전기를 허용한다는 뜻이다.

출력단자에는 NC 단자, NO 단자, COM 단자가 있다. 릴레이 모듈에 그림으로 표시된 경우 가운데가 COM 단자이며, 모듈 기판에서 가운데와 선으로 연결된 부분이 NC 단자고, 반대 방향은 NO 단자다. 여기서 전원이라는 용어는 콘센트, SMPS, 건전지 등 전기를 공급해주는 모든 것을 가리킨다.

릴레이 모듈의 종류와 표기 방식

1채널 릴레이 4채널 릴레이

대부분의 릴레이 모듈은 입력과 출력으로 구분되어 있다. 릴레이 모듈에 전원을 연결해야 사용할 수 있으며, 제어를 위해 IN에 전기를 공급하면 작동한다. 릴레이 모듈 제품은 릴레이를 작동시키는 전기 방식에 따라 High Level Trigger 또는 Low Level Trigger 제품으로 나눈다.

High Level Trigger는 전기신호에 의해 작동하며 전기신호가 없으면 원래대로 돌아가고, 반대로 Low Level Trigger는 전기신호가 없으면 작동하고 전기신호가 있으면 원래대로 돌아간다. 릴레이 모듈에 전기를 공급하면 릴레이 스위치가 작동해야 하는데, 본인의 생각과 반대로 전기신호가 없을 때 스위치가 작동하면 Low Level Trigger 방식의 릴레이를 구입한 것이다.

릴레이는 어떤 장치를 켜거나 끄는 기능 외에 스마트팜에서 많이 사용하는 전동개폐기와도 관련 있다. 전동개폐기 모터가 정회전과 역회전을 하도록 회로를 구성할 때 가장 많이 사용하는 부품이다. 전동개폐기는 온실의 창(측창), 차광커튼, 보온커튼을 여닫는 데 사용한다. 일반 블라인드의 천을 감거나 풀어서 블라인드를 올렸다 내렸다 하는 것처럼, 전동 블라인드는 모터가 정회전과 역회전을 함으로써 블라인드를 여닫는다.

릴레이 모듈의 작동 상태

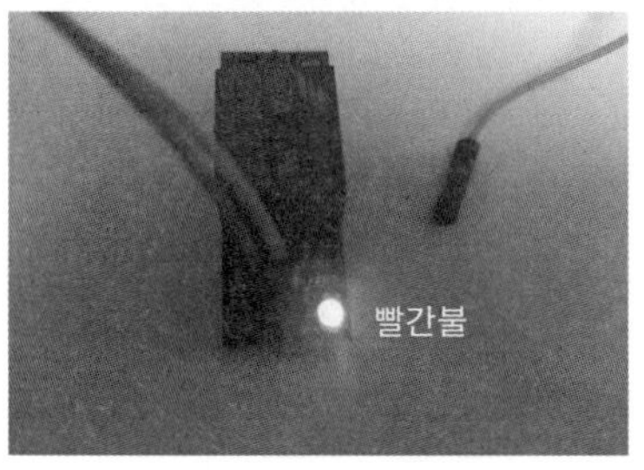
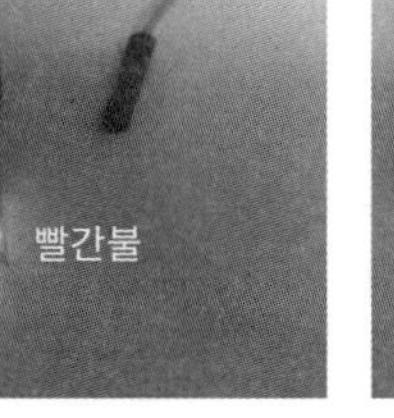

IN에 전기를 입력하기 전

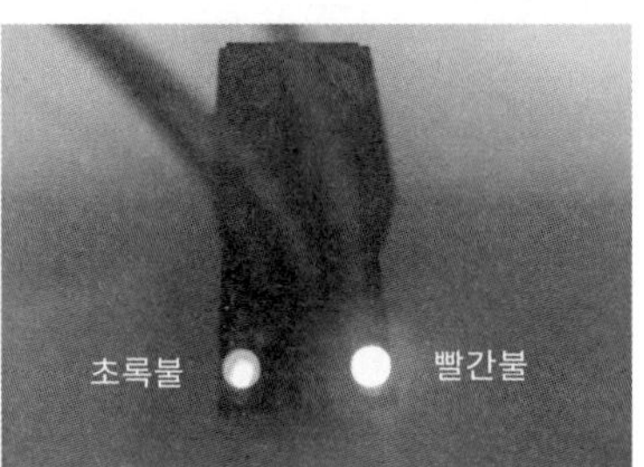

IN에 3.3V 전원을 연결한 후

대부분의 직류모터는 전류가 흐르는 방향에 따라 정회전과 역회전을 하도록 만들어져 있다. 전동개폐기도 직류모터를 사용한다. 따라서 전동개폐기 모터의 +극, -극을 전원의 +극, -극과 연결하면 회전하고, 극을 반대로 연결하면 전동개폐기의 모터는 반대 방향으로 회전하면서 비닐이나 차광막 등을 감았다 풀었다 한다.

스마트팜 시스템에서는 전동개폐기 모터를 정회전하거나 역회전하도록 전선을 연결해 간단하게 만든 회로를 사용한다. 모터가 정회전과 역회전을 하도록 만든 회로가 H-Bridge 회로다. 스위치를 가지고 H-Bridge 회로의 작동 원리를 살펴보면 다음과 같다.

스위치 1번(S1)과 4번(S4)을 누르면 직류전원의 +극에서 전기가 흘러나와 모터의 +극을 거쳐 -극으로 나온다. 직류전원의 -극으로 전류가 흐르면서 모터는 정회전한다. 반대로 스위치 2번(S2)과 3번(S3)을 누르면 직류전원의 +극에서 전기가 흘러나와 모터의 -극을 거쳐 +극으로 나온다. 직류전원의 -극으로 흐르면서 모터는 역회전한다.

스위치로 정회전과 역회전하는 모터

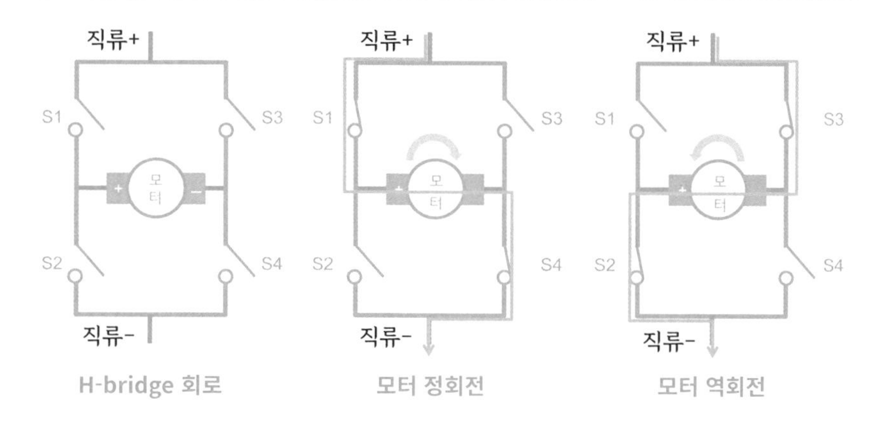

H-bridge 회로 | 모터 정회전 | 모터 역회전

스마트팜 시스템에서는 이런 회로를 구성할 때 두 개의 릴레이를 한 세트로 만든다. 다음과 같이 H-Bridge 방식으로 전선을 연결하면 스위치가 아닌 릴레이에 전기를 공급함으로써 모터가 정회전과 역회전을 할 수 있다. 또 릴레이

H-Bridge 방식 릴레이로 작동하는 모터

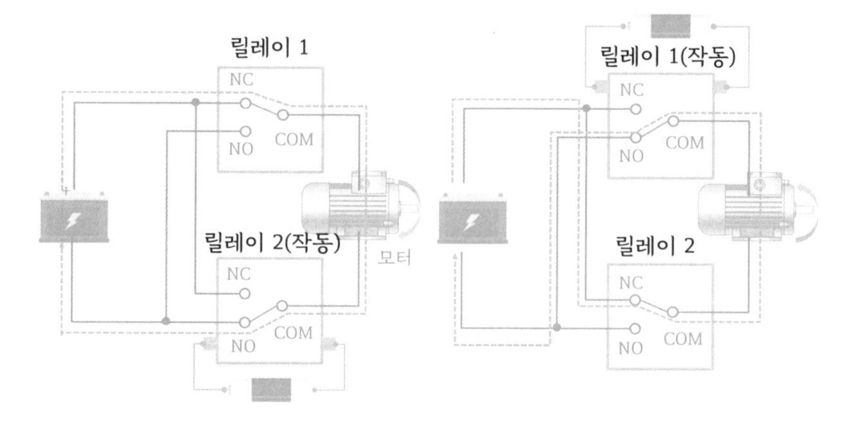

두 개의 릴레이 중 릴레이 2만 작동(정회전) | 두 개의 릴레이 중 릴레이 1만 작동(역회전)

모듈에 H-Bridge 회로를 전선으로 구성하면 생각보다 덜 복잡하다.

릴레이 1은 전원을 공급하지 않아 릴레이 출력의 COM 단자-NC 단자가 연결되고, 릴레이 2는 전원을 공급해 릴레이 출력의 COM 단자-NO 단자가 연결되어 있다. 따라서 24볼트 배터리의 +극에서 전기가 흘러서 릴레이 1(NC 단자 → COM 단자)을 통과해 모터(+ → -)를 거쳐 릴레이 2(COM 단자 → NO 단자)를 통과한 다음, 24볼트 배터리의 -극으로 전기가 흐르면서 정회전한다.

반대로 릴레이 1에 전원을 공급하면 릴레이 출력의 COM 단자-NO 단자가 연결되고, 릴레이 2는 전원을 공급하지 않아 릴레이 출력의 COM 단자-NC 단자가 연결된다. 따라서 24볼트 배터리의 +극에서 전기가 흘러서 릴레이 2(NC 단자 → COM 단자)를 통과해 모터(- → +)를 거쳐 릴레이 1(COM 단자 → NO 단자)을 통과한 다음, 24볼트 배터리의 -극으로 전기가 흐르면서 역회전한다.

이때 주의할 점은 전동개폐기를 작동시키기 위해 직류 24볼트의 전원 +극

릴레이 모듈로 구성한 회로

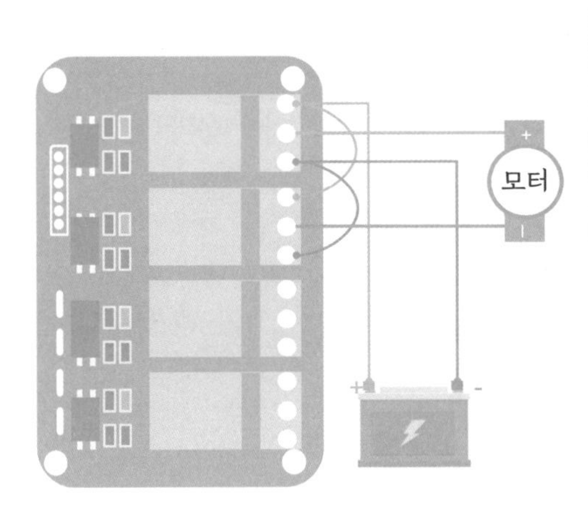

을 릴레이 NO 단자에 연결하면 다음 릴레이도 NO 단자에 연결하고, 24볼트의 전원 −극을 NC 단자에 연결하면 다음 릴레이에도 NC 단자에 연결해야 한다는 것이다. +, −극은 바뀌어도 상관없다. 단 각 릴레이의 NO 단자는 NO 단자끼리 극을 맞추고, NC 단자는 NC 단자끼리 극을 맞춰야 한다. 각 릴레이 가운데 COM 단자와 연결된 선은 전동개폐기의 두 선 어느 쪽과 연결해도 상관없으며, 회전 방향이 맞지 않으면 이 두 선을 반대로 연결하면 된다.

직접 스마트팜 시스템을 만들 때는 이렇게까지 복잡한 회로를 만들지 않아도 된다. 전선의 피복을 벗겨내지 않아도 되는 무탈피 T자 커넥터나 T탭 커넥터를 사용하면 전선을 쉽게 연결할 수 있다.

커넥터의 종류

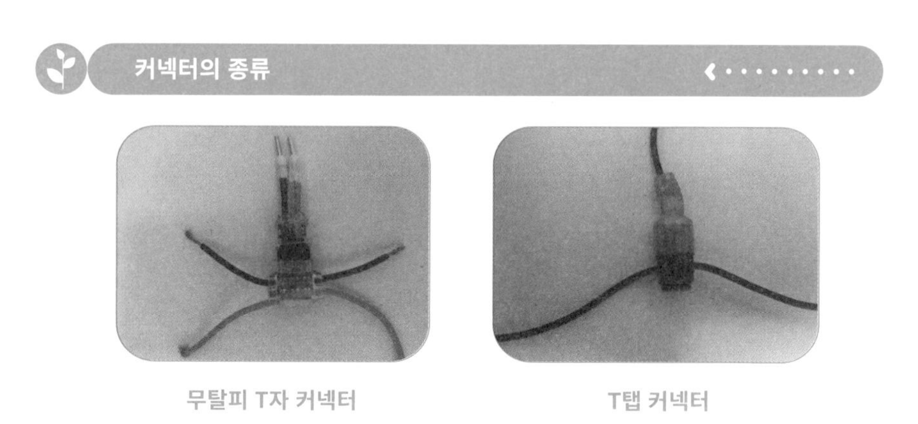

무탈피 T자 커넥터

T탭 커넥터

온실에 전동개폐기를 설치한 후 개폐기 설정을 하거나 정전 같은 위급 상황이 생겼을 때, 전동개폐기의 두 선을 18볼트 이상의 보조배터리 +, −극에 접촉하면 정회전하고, 반대의 극에 접촉하면 역회전한다. 전동개폐기의 모터 회전수를 조정하는 설정 버튼으로 열리고 닫히는 시간도 설정할 수 있다.

비닐하우스 측창 제어기 박스를 열어보니 릴레이가 없었다. 김 박사가 나를 놀리나 싶었는데, 농자재마트 사장님에게 물어보니 전동개폐기를 조작하는 스위치에 H-bridge 회로가 있어 전동개폐기로 여닫았다고 한다.

온라인에서 릴레이를 구입하려고 검색하니 종류가 무척 다양했다. 김 박사의 설명대로 릴레이의 종류에는 SPST, SPDT, DPST, DPDT가 있었다. 그런데 접점이라는 용어는 처음 본 거라 알아보니 a 접점이 NO이고, b 접점이 NC였다.

전동개폐기 작동 실험을 위해 24V SMPS와 스텝다운 컨버터(24V → 5V), 입력전압 5V 릴레이를 구입했다. SMPS의 V+를 스텝다운 컨버터 IN+에, SMPS의 V-를 스텝다운 컨버터 IN-에 연결했다. 이번에 함께 구매한 테스터기로 측정해보니 신기하게도 스텝다운 컨버터의 OUT+, OUT-에서 5V가 출력되는 것을 확인할 수 있었다.

정리하면 220V → (입력)SMPS(출력) → 24V → (IN)스텝다운 컨버터(OUT) → 5V, 교류 220V → 직류 5V로 흐른다.

스텝다운 컨버터에서 출력과 연결된 +를 릴레이의 VCC(+극), -를 릴레이의 GND(-극)에 연결하고, 스텝다운 컨버터 출력 +를 하나 더 전선으로 연결해 릴레이의 IN에 꽂으니 잘 작동한다.

정말 신기해서 다른 제품으로도 실험하고 싶었다. 집에 방치되어 있던 멀티탭 전선의 피복을 벗겨서 두 개의 선 가운데 하나만 잘랐다. 하나는 릴레이의 출력 COM 단자와 연결하고, 다른 하나는 NO 단자에 연결한 뒤 멀티탭에 휴대전화 충전기를 꽂으니 충전기가 작동한다.

릴레이는 신기한 물건이다. 테스터기를 제외하고 구입 비용은 1만 2,000원이었다. 부담없이 할 수 있으니 비닐하우스 전동개폐기도 연결해봐야겠다.

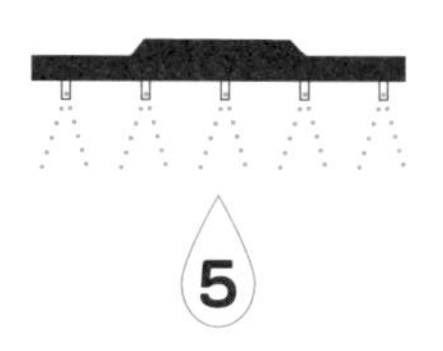

5

본격적인 스마트팜 구축하기

온실 스마트팜 구조와 전기설비

농업용 전기를 사용하려면 한국전력에서 농장에 설치해준 배전함에 전선을 연결해 스마트팜 온실에서도 사용할 수 있게 만들어야 한다.

온실 스마트팜 구조도

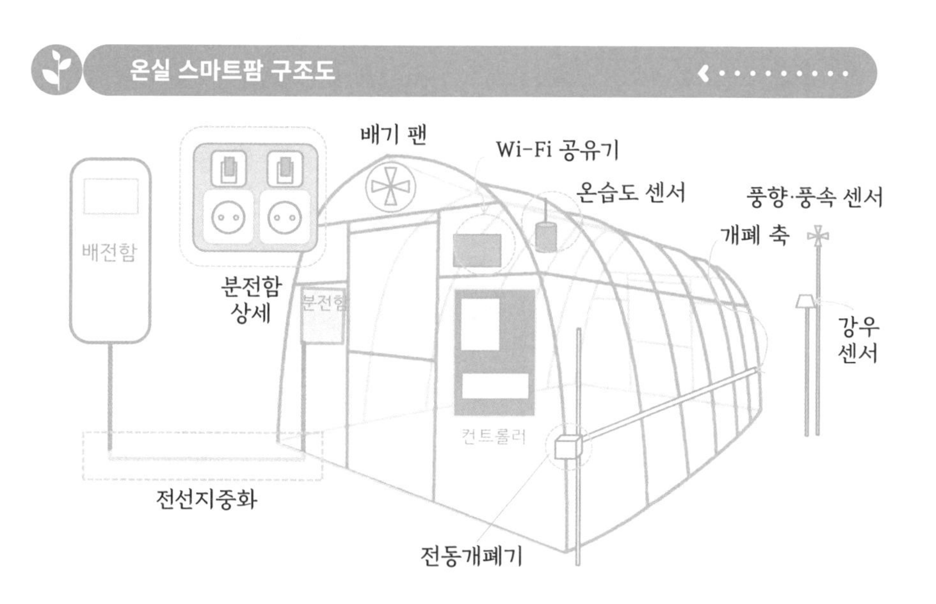

이런 작업을 할 때는 위험하므로 전기설비 업체에 의뢰하거나 전기 전문가와 상의해 설치한다. 만약 혼자 작업할 때는 감전될 수도 있고, 누전으로 화재가 발생할 수도 있으니 항상 주의한다. 배전함에서 전선을 연결할 때는 반드시 주전원 스위치(누전차단기)를 끈 상태에서 작업한다.

배전함에서 온실 내부에 설치된 분전함까지 전선을 연결할 때는 농기구로 인해 파손되지 않도록 땅속에 관로를 설치하거나 깊게 매설해야 한다. 땅속 전선을 보호할 수 있도록 폴리에틸렌 재질이나 이와 유사한 재질로 만들어진 지중 전선관을 사용한다.

분전함의 개별 누전차단기 수량은 작물 재배 구역, 구동기기의 개수와 용량을 고려해 결정한다. 개별 누전차단기는 각 용량에 적합한 규격을 설치하며, 분전함에서 전선을 연결해 온실 내부의 여러 곳에 콘센트를 설치할 때는 방우 또는 방수형 콘센트를 사용한다.

온실에 전기가 공급되면 스마트팜에 필요한 부품을 구입하거나 직접 조립

스마트팜의 구성과 필요 장비

구분	필요 장비와 기능
전원장치	교류-직류컨버터(SMPS), 무정전 전원장치
센서장치	온습도 센서, 풍속·풍량 센서, 강우 센서, 조도 센서, 수온 센서 등
구동기기	전동개폐기, 환기창 전동오프너, 유동 팬, 배기 팬, 펌프 등
제어장치	구동기기를 작동시키는 릴레이나 릴레이 모듈
중앙제어장치	릴레이 모듈, 센서장치를 제어하는 IoT 보드나 싱글보드 컴퓨터
스마트팜 시스템	전원장치, 제어장치, 중앙제어장치로 구성된 셋톱박스
통신 및 네트워크	IoT 센서와 IoT 릴레이 통신, 인터넷과 연결을 위한 공유기 등
관제시스템	CCTV나 센서를 통해 농장과 온실 침입 감시, 모니터링

해 스마트팜을 만들어야 한다. 스마트팜은 전원장치, 센서장치, 구동기기, 스마트팜 시스템, 제어장치, 관제시스템으로 구성된다.

스마트팜 구축에 필요한 재료 준비하기

스마트팜을 직접 구축하기 위해서는 스마트팜의 기능에 따라 필요한 재료의 기능을 이해하고 있어야 온라인이나 오프라인 상점에서 부품을 구입할 때 유리하다.

스마트팜의 주요 부품과 장치는 납땜을 하거나 별도의 회로를 구성하지 않아도 전선만 연결하면 사용할 수 있는 완제품을 시중에서 구입해 조립하면 된다. 중앙제어장치와 릴레이를 제어하는 과정은 배운 적이 없을 것이다. 스마트팜의 사양과 시스템은 모두 다르다. 이 책에서는 MCU 보드를 이용해 스마트팜의 기본 기능을 구현하는 제어에 관해 알아보겠다. 그전에 설명에 나오는 용어를 소개한다.

아두이노Arduino란 기본 MCU로 다양한 종류가 있으며, 아두이노 우노는 8비트 초소형컴퓨터와 같다. 점퍼케이블은 9볼트 이하의 MCU와 센서 등을 연결하는 전선으로, 꽂을 수 있는 방향에 따라 MM, MF, FF 타입이 있다. 실드shield는 여러 보드에 쉽게 장착해 기능을 추가하거나 확장할 수 있는 보드를 말한다. ESP 계열 칩은 Wi-Fi와 블루투스 기능이 기본으로 장착되어 있고, 메모리 용량이 높은 칩이다. 8266, 32, 32-c 등이 있다.

MCU는 센서로부터 측정값을 읽어들이고, 릴레이에 작동 명령(신호)을 내리는 장치다. 사람의 두뇌와 같은 역할을 한다. MCU는 마이크로프로세스, 메모리, 프로그래밍을 할 수 있는 입출력 기능이 하나의 칩에 들어 있다.

스마트팜의 주요 부품과 장치 리스트

구분	명칭	기능	참고
전기 인입	배전함	전신주에서 농장까지 전기 공급	전기계량기(전력량계)
	분전함	배전함 → 분전함(멀티탭 역할) → 전기 분배	개별 누전차단기
센서장치	온습도 센서	온도와 습도 측정	종류가 다양하며, 유선 또는 무선통신 방식
	풍향·풍속 센서	바람의 방향과 속도 측정	유선 또는 무선통신 방식
	강우 센서	강우의 유무 측정	유선 또는 무선통신 방식
	조도 센서	빛의 밝기를 측정	유선 또는 무선통신 방식
	CO_2 센서	온실 내부의 CO_2 측정	유선 또는 무선통신 방식
	수온 센서	양액 온도나 물 온도 측정	유선 또는 무선통신 방식
구동기기	전동개폐기	비닐필름을 감거나 풀어서 측면창 개폐	개폐 축을 따라 위아래로 이동
	배기 팬	온실 내부의 공기를 외부로 배출	배기 능력과 방식 차이
	유동 팬	온실 내부에서 공기 순환	팬에 따라 설치 간격이 다름
	펌프	양액을 작물에게 공급	수중펌프, 가압펌프등
	차광커튼 개폐기	차광막을 감거나 풀어서 차광 및 개방	전동개폐기와 유사
	보온커튼 개폐기	보온덮개를 감거나 풀어서 난방 및 개방	전동개폐기와 유사
통신 및 네트워크	유무선 공유기	일반 집에서 사용하는 유무선 공유기	야외용 Wi-Fi 리피터
	로라 게이트웨이	무선통신 방식의 센서나 기기 공유기	장거리 통신
	지그비 게이트웨이	단거리 무선통신	단거리 통신
관제시스템	CCTV	농장 외부 침입 감지 및 실시간 확인	ESP32 CAM도 가능
	적외선 센서	온실에 들어온 동물 또는 침입자 감시	
중앙제어장치	PLC	프로그램에 의해 순차적으로 기기 작동	
	MCU	초소형으로 센서 연결, 릴레이 작동	아두이노 ESP32 등
	소형컴퓨터	컴퓨터이자 센서 연결, 릴레이 작동	라즈베리파이 등
	릴레이	제어장치와 구동기기의 중간 중계 역할	다양한 방식과 규격
전원장치	SMPS	제어장치나 구동기기, 센서에 전원 공급	바로 연결해서 사용
	리니어	제어장치나 구동기기, 센서에 전원 공급	전기회로 구성 필요
	충전장치	평상시에 직류 충전했다가 비상시 사용	태양광 발전기 연결

MCU 보드는 기능과 성능에 따라 여러 종류가 있다. 그 가운데 스마트팜 시스템을 만들 때 블루투스와 Wi-Fi 기능이 있는 ESP32 칩이 장착된 ESP32 보드가 가격도 저렴하고, 다양한 기능을 구현할 수 있다.

ESP32 보드의 기본 모델은 ESP32 NodeMCU 모델이다. ESP32 CAM 모델에는 카메라가 장착되어 있어 실시간으로 온실 모니터링을 할 수 있다. 아두이노와 비슷한 형태의 ESP32 R32 모델도 있다. 시중에서 7,000~1만 원이면 구입할 수 있다. USB라고 표기된 부분에 마이크로 5핀 휴대전화 충전기나 USB 연결케이블을 연결하면 5볼트 전원이 공급되어 작동한다. USB 연결케이블을 PC나 노트북과 연결해 스마트팜 시스템 프로그램을 ESP32 R32 보드에 저장할 수도 있다. 프로그램을 ESP32 R32 보드에 한 번 저장한 뒤부터는 전원만 공급해도 자동으로 작동하니 전원만 연결해서 사용하면 된다.

ESP32 칩이 장착된 ESP32 보드는 모델마다 기능과 사용법이 비슷하다. 그래서 어떤 것을 사용해도 상관없지만, 전원 연결 잭이 있는 ESP32 R32 보드가

ESP32 보드의 종류

ESP32 NodeMCU
ESP32 기본 보드

ESP32 CAM
카메라가 장착된 보드

ESP32 R32
아두이노 보드와 유사

ESP32 보드를 사용할 때 필수 부품

점퍼케이블	아두이노용 스크루 실드	ESP32 R32 보드에 실드를 장착한 모습
		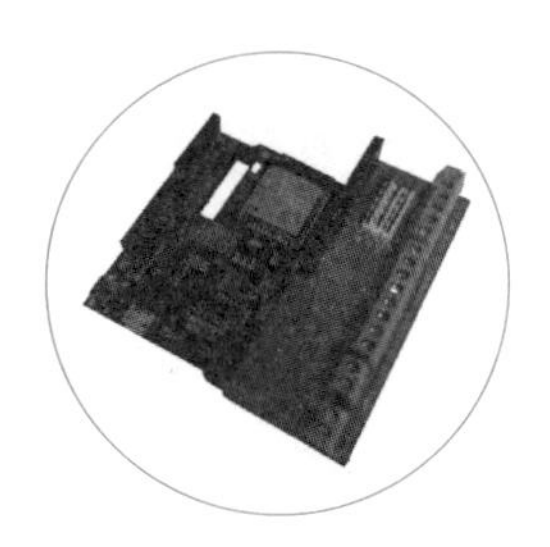

SMPS(교류–직류컨버터)와 연결하기 편리하다.

온실은 습도가 높은 편이라 방우·방수·방습을 위해 ESP32 보드를 PVC나 스틸 재질의 상자 안에 넣어야 한다. 나사를 이용해 상자 내부의 고정판에 조립해 넣는다. 아두이노용 스크루 실드screw shield의 일자 나사 사이에 전선을 넣고 나사를 조이면 선이 빠질 염려가 없다.

ESP32 R32 보드에는 IO(input과 output, 입력과 출력)가 표기되어 있다. IO는 디지털과 아날로그로 구분한다. 디지털은 켜짐과 꺼짐 신호만 입출력할 수 있고, 아날로그는 켜짐, 반쯤 켜짐, 반쯤 꺼짐, 꺼짐 등 다양한 신호를 입출력할 수 있다. 빛의 밝기를 조절할 수 있는 스탠드 조명이 있다고 하자. 스탠드 조명을 켜거나 끄는 것은 디지털이고, 스위치로 빛의 밝기를 조정해 아주 흐리게–흐리게–중간–밝게–아주 밝게 등으로 밝기가 변하는 결과는 아날로그이다.

프로그램으로 '켜다' 명령을 디지털 IO의 출력으로 내보낼 때 전기테스터로 측정하면 5볼트이고, '끄다' 명령을 내보낼 때 측정하면 0볼트다. 아두이노 보드는 '켜다' 명령을 내리면 5볼트, ESP32 R32 보드는 3.3볼트 전압이 측정

ESP32 R32 보드와 각 부분의 기능

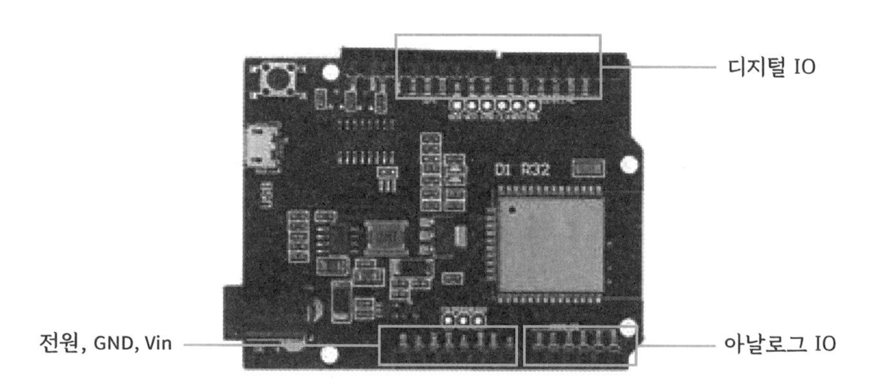

구분	핀(포트) 번호	기능	참고
디지털 IO	13, 12, 14, 27, 16, 17, 25, 26	디지털 신호 입출력	
아날로그 IO	2, 4, 35, 34, 36, 39	아날로그 신호 입출력	35~39는 입력만 가능
I2C 통신	SCL, SDA	I2C 방식 센서 사용	LCD 사용 가능
SPI 통신	5(SS), 23(MOSI), 18(SCK), 19(MISO)	입출력으로 사용 가능	
시리얼 통신	Rx, Tx	시리얼 통신만 가능	
전원	5V, 3.3V	센서 등에 전원 공급	
GND	전원이 +극이면 GND는 -극	GND 어디나 같은 -극	
Vin	외부 전원의 +극을 점퍼선으로 연결	DC 5~12V 사용 가능	-극은 GND 연결
DC 연결 잭	검정색 부분으로 DC 플러그와 외부 전원 연결	DC 5~12V 사용 가능	
RST	외부의 리셋 스위치와 연결		
푸시 버튼	리셋 버튼	버튼 누르면 재시작	프로그램과 무관
그 외 핀	15, 33, 32 핀 소켓이 없는 홀	납땜하면 입출력 가능	
그 외 핀	SD2로 시작하는 핀 소켓이 없는 홀	사용하지 않음	
내장 LED 1	전원을 연결하면 빨간색 LED 켜짐	빨간색 LED	색상이 반대인 경우도 있음
내장 LED 2	2번 핀과 연결되어 있어 상태 점검	파란색 LED	

- 점퍼케이블을 소켓에 꽂아 사용할 수 있는데, 이 소켓을 핀 또는 포트라 함
- 각각의 소켓에는 IO 번호가 쓰여 있고, 센서의 입력과 기기의 작동 출력에 사용

된다.

MCU 보드에 연결하는 장치 가운데 센서를 알아보자. 스마트팜에서 사용하는 센서에는 온실의 온도와 습도를 측정하는 온습도 센서, 수경재배에 필요한 수온 센서, 작물의 광합성에 필요한 빛의 밝기를 측정하는 조도 센서, 비를 감지하는 강우 센서, 기상 관련 센서 등이 있다.

센서에는 보통 서너 개의 선이 있는데, 이 중 두 개는 센서의 측정 장치가

ESP32 보드에서 사용할 수 있는 스마트팜 센서

구분	명칭(모델)	기능 및 측정 범위	참고
온습도 센서	DHT11	온도(0~50°C), 20~90%	온도 2°C, 습도 5% 오차
	DHT22	온도(-40~125°C), 0~100%	온도 0.5°C, 습도 5% 오차
	SHT20	DHT22와 같음, I2C 통신 방식	온도 0.3°C, 습도 3% 오차
수온 센서	DS18B20	온도(-55~125°C), 0.5°C 오차	모듈과 함께 사용 권장
조도 센서	BH1750	1-65535lx, 20% 오차, I2C 방식	빛의 밝기 정도만 측정 가능
풍속 센서	Adafruit Anemometer	0.5~50m/s, 아날로그 방식	RS-485 통신 방식 풍속 센서 권장
풍향 센서	모델 다양	바람의 각도를 측정	대부분 RS-485 통신 방식
CO_2 센서	MH-Z19b	0~5,000ppm, 50ppm 오차	Software Serial 방식
강우 센서	모델 다양	접점 방식, RS-485 통신 방식	겨울철에도 사용할 수 있는 히팅 기능을 가진 모델 권장
유량 센서	모델 다양	압력 2.0Mpa, 분당 1~30L	내부 임펠러가 펄스 개수를 세는 방식
EC 센서	모델 다양	0~200mS/cm, RS-485 통신 방식	EC, pH, TDS, ORP 등이 하나로 측정되는 제품 추천
H 센서	모델 다양	0.00~14.00, RS-485 통신 방식	

- RS-485 통신 방식은 컴퓨터와 주변 장치를 연결하는 직렬 통신 방식으로, 다수의 센서와 연결할 수 있음
- RS-485 장치들을 ESP32 보드에 연결해 사용하려면 RS-485 TTL 컨버터 모듈 필요
- Software Serial 방식은 ESP32 보드의 16과 17번 핀을 사용하여 통신하는 방식

작동하도록 전기(전원)와 연결해주는 선이고, 나머지 한두 개는 측정값 또는 데이터를 MCU나 컴퓨터에 보내는 선이다.

센서를 구입할 때는 상품의 상세페이지를 자세히 읽어본다. 각각의 선에 관한 설명이 쓰여 있기 때문이다. 일반적으로 VCC, +로 표기된 선(빨간색 선)은 직류전원의 +극에 연결하고, GND, −로 표기된 선(검은색 선)은 직류전원의 −극에 연결한다.

센서 값이나 데이터를 보내는 선이 한 개인 경우 S(Signal 약자), Out(출력), DAT로 표기한다. 선이 두 개인 경우는 I2C(SDA, SCL), RS−485(A+, B−) 통신 방식으로 측정 데이터를 내보내는 선이며, 이 밖에 SPI 통신은 네 개의 선으로 되어 있다. 센서가 사용하는 직류전압도 3~24볼트까지 각각 다른 전압을 사용하므로 제품 매뉴얼이나 상세페이지를 참고한다. ESP32 R32 보드에서 사용하는 대부분의 센서는 직류전압 3~5볼트에 작동하므로 ESP32 R32 보드의 전원에 연결해 사용하면 된다.

지금부터 ESP32 보드에 소프트웨어를 설치해 작동시켜볼 것이다. 데스크톱의 윈도, 갤럭시의 안드로이드, 아이폰의 IOS 같은 OS(운영체제)를 설치해야

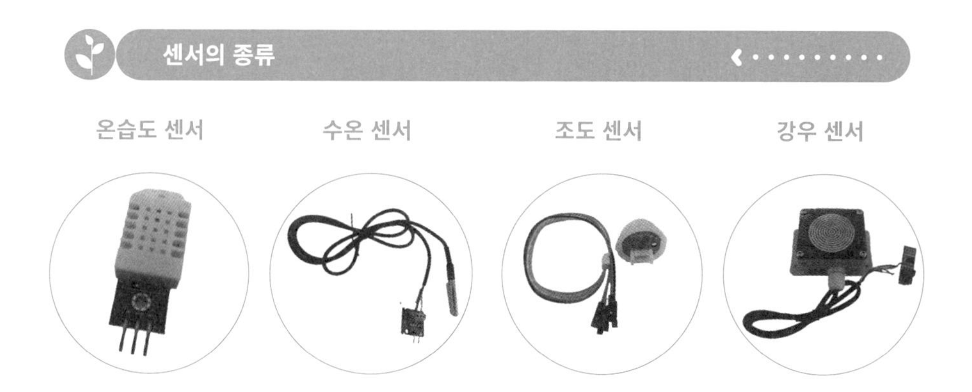

기기를 사용할 수 있듯이 MCU 보드에도 프로그램을 설치해야 사용할 수 있다. 이런 프로그램을 펌웨어라고 하는데, 처음 구입한 ESP32 R32 보드에는 펌웨어가 없으니 펌웨어부터 설치해야 한다.

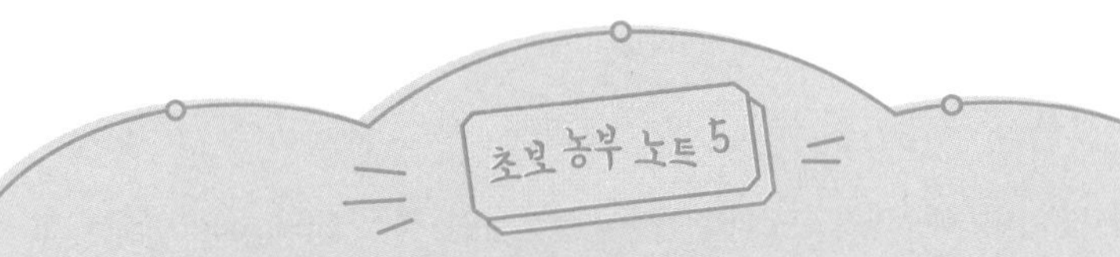

아두이노는 스마트팜을 만드는 유튜브 영상에서 본 적이 있다. ESP32는 이번에 처음 접한다. 가격이 저렴하고 우리 스마트팜에도 사용할 수 있을 것 같아 테스트용 스마트팜 시스템을 만들어보기 위해 구입했다. DHT22, DS18B20, 점퍼선, BH1750, 5핀 마이크로 USB 케이블도 함께 주문했다.

풍향·풍속 센서, EC 센서, pH 센서는 당장 필요하지는 않아서 나중에 구입하기로 했다. 지금은 가장 필요할 것 같은 강우 센서만 알아보고 있다.

여전히 디지털과 아날로그는 잘 이해되지 않는다. 그나마 스마트팜에서 가장 많이 사용하는 켰다 껐다 하는 방식의 디지털 개념은 쉬운 편이라서 이 방식을 사용해보려고 한다.

택배 상자를 열어보니 ESP32 R32 보드가 명함 크기라서 놀랐다. 이런 것으로 스마트팜을 만들 수 있다는 게 믿기지 않는다. 보드에 인쇄된 글씨도 잘 안 보여서 스마트폰으로 사진을 찍어서 확대한 다음 봐야 했다. ESP32 R32 보드에 관한 설명은 그냥 그렇구나 정도로 이해하면 될 것 같다. 처음부터 다 이해하기에는 너무 복잡하다. 이제 시작이니 천천히 알아가야지!

IoT 스마트팜을 위한 네트워크 구축

스마트팜은 모든 기기와 장치가 IoT 기능을 가지고 있다고 했다. 센서 장치와 스마트팜 시스템이 서로 데이터를 주고받으며 스마트팜 시스템에서 내린 명령이 유무선으로 구동기기에 전달될 수 있도록 네트워크를 구축해야 한다.

어떤 공간에 Wi-Fi 공유기를 달아 여러 사람이 컴퓨터나 스마트폰을 사용할 수 있도록 하는 것이 네트워크다. 네트워크를 구축하는 일은 아주 쉽다. 랜선으로 연결하는 유선 네트워크보다 무선 Wi-Fi를 많이 사용하는 추세라 Wi-Fi 공유기를 설치하면 네트워크 시스템 구축도 끝난다. 이때 온실의 규모가 크면 일반적인 Wi-Fi 공유기는 신호가 약하므로 고출력 Wi-Fi 증폭기나 Wi-Fi 중계기를 추가 설치해야 한다.

대부분 Wi-Fi 공유기로 인터넷만 사용하다 보니 잘 모르는 점이 있다. Wi-Fi 공유기가 통신사 모뎀을 통해 인터넷에 연결되어 있지 않아도 온실 내부의 IoT 기기와 장치들은 서로 통신할 수 있다. 인터넷이 연결되지 않아도 스마트팜 시스템은 작동한다는 말이다. 이런 방식이 어떻게 가능한 걸까?

스마트팜 내부 네트워크의 구조

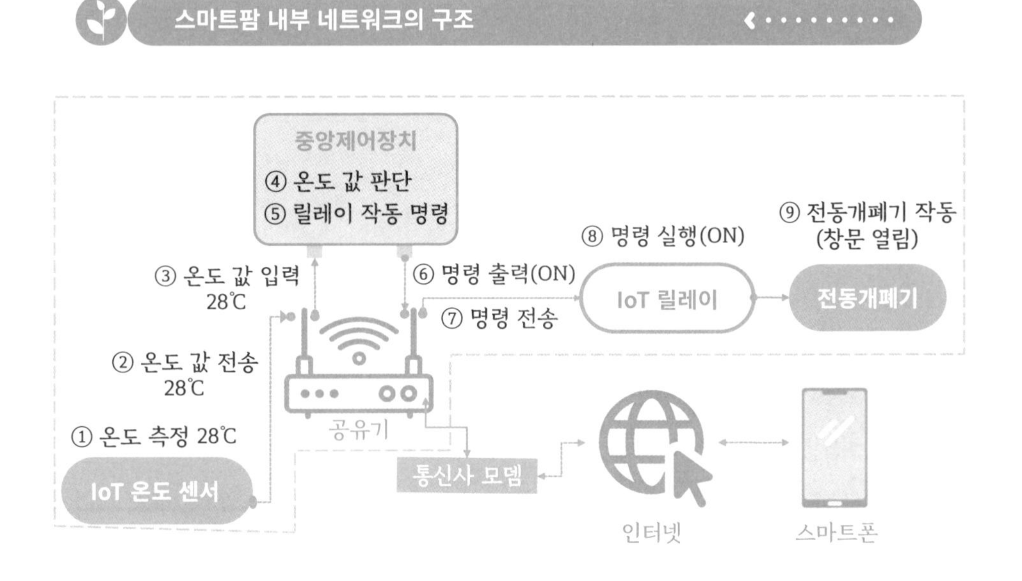

온습도 센서의 예를 알아보자. 온습도 센서가 온도를 측정해 무선으로 Wi-Fi 공유기를 거쳐 Wi-Fi와 연결된 중앙제어장치에 측정값을 전달한다. 중앙제어장치는 이 측정값을 바탕으로 모니터에 온도 값을 표시하고, 사전에 설정된 조건 값과 일치하면 제어프로그램이 Wi-Fi 공유기에 연결된 제어장치에 전동개폐기 작동 명령을 내린다.

같은 과정을 거쳐 제어프로그램이 농장 Wi-Fi 공유기에 연결된 통신사 모뎀으로 온도 값을 전송하면 스마트폰 화면에서도 온도 값을 볼 수 있다. 사용자가 스마트폰의 스마트팜 앱에서 전동개폐기 열림 버튼을 누르면 인터넷을 통해 농장 Wi-Fi 공유기와 연결된 중앙제어장치에 명령이 전달된다. 명령을 받은 중앙제어장치는 Wi-Fi 공유기에 연결된 제어장치에 전동개폐기 작동 명령을 내린다.

펌웨어 설치와 Wi-Fi 설정 방법

프로그램을 직접 코딩하지 않아도 이미 만들어진 펌웨어라는 파일을 ESP32 R32 보드에 설치하면 간단하고 편리하게 사용할 수 있다. 대표적인 펌웨어가 Tasmota와 ESPHome이다.

이 책에서는 Tasmota 펌웨어를 기준으로 설명한다. Tasmota는 온라인 쇼핑몰에서 판매되는 대부분의 센서를 연결해 사용할 수 있다. 또 자동화에 필요한 명령어가 직관적이며, 모터의 정회전과 역회전, 타이머 기능, 외부 프로그램이나 서버에 접속하는 통신을 쉽고 편리하게 설정할 수 있다. 온라인에 접속해 프로그램을 설치하는 방식이므로 설치 과정도 비교적 쉽다.

먼저 마이크로 5핀 USB 케이블을 ESP32 보드의 USB라고 표기된 곳에 꽂은 뒤, 다른 한쪽은 컴퓨터나 노트북에 연결한다. 컴퓨터가 ESP32 보드를 인식할 수 있는 드라이버가 설치되지 않았으면 컴퓨터가 인식하지 못한다는 에러 메시지가 뜰 수 있다. 이 경우 포털 사이트에 CH340 Driver를 검색해 CH340 드라이버 실행 파일을 다운로드받아 컴퓨터에 설치한다.

실행 파일을 설치한 다음 USB가 성공적으로 인식되면, 윈도의 제어판에서 '장치 및 프린터'로 들어간다. USB Serial CH340(COM 번호) 항목이 보일 것이다. 각기 다른 USB 포트에 꽂을 때마다 번호는 자동으로 바뀐다.

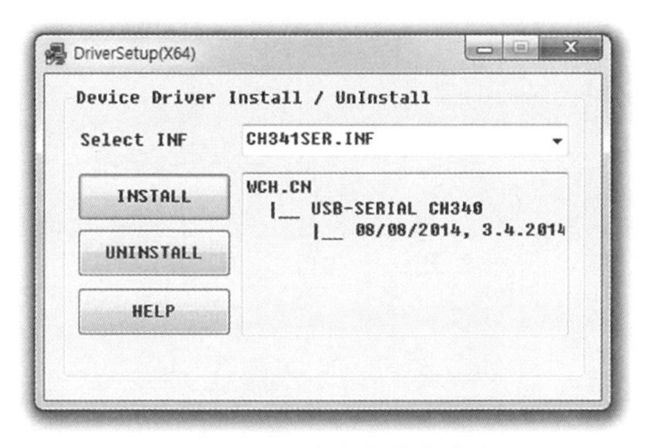

CH340 드라이버 설치 파일

앞의 과정을 마쳤으면 ESP32 보드에 Tasmota를 설치할 차례다. 포털 사이트에서 Tasmota web installer라고 검색해도 되고, 웹브라우저의 주소창에 tasmota.github.io/install/을 입력해도 된다.

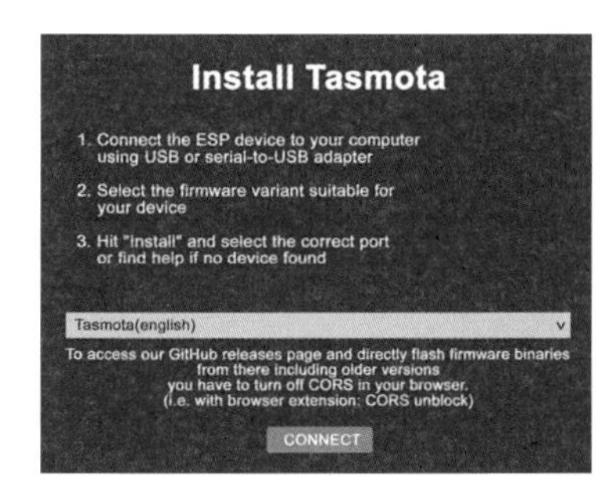

Tasmota 설치 접속 화면 1

화면을 스크롤해서 밑으로 내리면 다음과 같은 화면이 나온다.

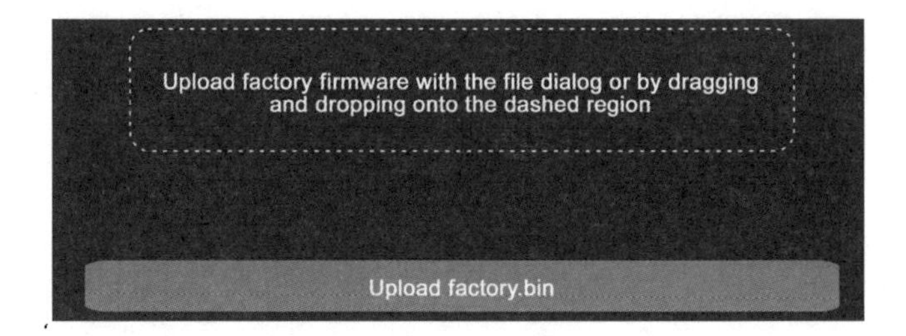

Tasmota 설치 접속 화면 2

이 화면에서 다음 순서대로 설치를 진행한다.

1 CONNECT 버튼을 클릭하면 팝업창이 나타난다. 브라우저마다 다를 수 있으나 'USB Serial(COM 번호)' 또는 'COM 번호 USB Serial 페어링됨' 등이 나타난다.

2 팝업창에서 'USB Serial....COM 단자 숫자'를 클릭해 연결 버튼이 진한 파란색으로 활성화되면 이 버튼을 클릭한다.

CH340 드라이버가 설치되지 않아 페어링 팝업창에 USB 포트가 표시되지 않으면 이런 팝업창이 나타날 수 있다. 이 단계에서도 CH340 드라이버를

다운로드받아 설치할 수 있으니 걱정하지 않아도 된다. 이미 설치되어 있다면 CANCEL을 클릭하고, USB 케이블을 다시 꽂은 다음 설치 화면에서 순서 1을 실행한다.

3 INSTALL TASMOTA(ENGLISH)를 클릭한다.

4 다음과 같이 이전에 설치된 펌웨어를 지울 것인지 물어보는 화면이 나타난다.

☐ Erase device의 네모 칸에 체크한 다음 NEXT를 클릭한다.

Erase device

Do you want to erase the device before installing Tasmota (english)? All data on the device will be lost.

☐ Erase device

BACK NEXT

5 설치 여부를 최종 확인하는 창이 나오면 INSTALL을 클릭한다.

6 앞의 설치 과정을 제대로 실행했다면 설치가 완료됐다는 메시지가 나온다.
마지막으로 NEXT를 클릭한다.

펌웨어를 설치한 다음에는 Wi-Fi를 설정한다. Configure Wi-Fi 화면에서 Network라는 드롭다운 메뉴를 클릭하면 주변의 Wi-Fi가 모두 검색된다. 이 리스트에서 본인의 집 또는 농장의 Wi-Fi를 선택하고, Password에 비밀번호를 입력한 뒤 CONNECT를 클릭한다. 이제 Wi-Fi 공유기의 주소(내부 IP 주소)를 통해 컴퓨터나 태블릿 PC, 노트북, 스마트폰 등으로 원격 접속해 Tasmota를 사용할 수 있다.

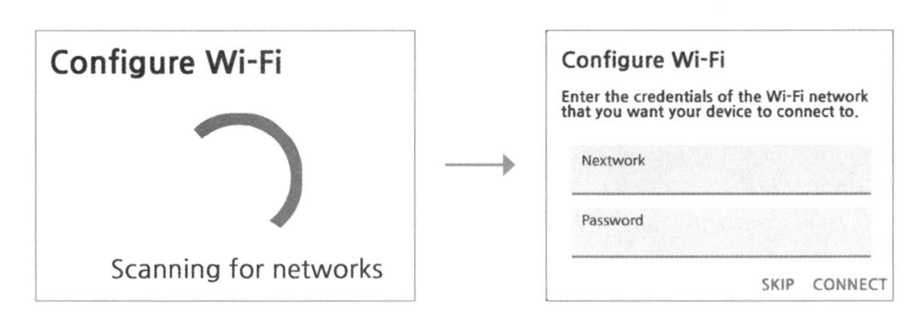

Wi-Fi 설정 오류에 대처하는 법

Wi-Fi 설정 단계에서 실수로 SKIP 버튼을 눌렀다가 Wi-Fi가 설정되지 않는 경우가 있다. 당황하지 말고 Tasmota를 설치할 때처럼 ESP32 보드를 USB 케이블로 컴퓨터와 연결한다. 그다음 앞서 설명한 설치 순서 1에서 2까지 진행하면 다음과 같은 화면이 나타난다.

위 화면에서 첫 번째는 Tasmota 펌웨어 설치(이미 설치되어 있으면 재설치), 두 번째는 장치에 접속(Wi-Fi 미설정 시 오류 화면 표시), 세 번째는 Wi-Fi를 설정할 수 있는 화면(창)으로 이동, 마지막은 명령어로 작동할 수 있는 창으로 이동하는 메뉴다.

세 번째 CHANGE WI-FI를 선택해 Wi-Fi를 설정하면 된다. Wi-Fi 설정을 마치고 Tasmota를 사용하려면 ESP32 보드와 연결된 노트북이나 컴퓨터가 같은 Wi-Fi 공유기에 접속되어 있어야 한다. 설정한 다음 VISIT DEVICE를 클릭하면 Tasmota를 사용할 수 있다.

Wi-Fi 네트워크를 집에서 설정하고, ESP32 보드를 온실 Wi-Fi 공유기와 연결할 때 공유기 이름과 비밀번호가 달라서 Wi-Fi에 접속되지 않는 상황이 생길 수 있다. 또 기존에 설정된 Wi-Fi와 다른 Wi-Fi 공유기에서 ESP32 보드를 Wi-Fi에 연결해야 하는 경우도 있다. 이때는 Tasmota 접속 화면에서 CONNECT TO WI-FI를 클릭해 Wi-Fi에 접속한다. CONNECT TO WI-FI를 통해 Wi-Fi 설정이 잘 되지 않으면 다음 방법으로 Wi-Fi에 접속할 수 있다.

앞 화면에서 LOGS & CONSOLE을 클릭하면 아래와 같은 화면이 나타난다.

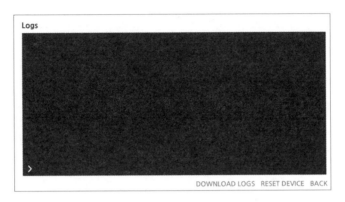

LOGS & CONSOLE 화면에는 ESP32 보드에 대한 정보가 표시된다. 이전에 설정된 Wi-Fi로 계속 접속을 시도하면서 접속하지 못한다는 메시지가 반복되어 나타나는데 무시한다. 화면 하단에 〉 표시가 있는 부분(〉 표시가 안 보이면 검은색 창 맨 아래를 클릭)에 명령어 Reset3 on을 입력한다. 그다음 엔터키를 누르면 ESP32 보드가 자동으로 재시작된다.

명령어 Reset3 on을 사용하면 기존에 설정된 것도 모두 지워진다. Wi-Fi 설정만 새로 하려면 명령어 입력 부분에 Wi-Fi config 2를 입력하고, LOGS & CONSOLE 화면에서 BACK을 클릭하면 초기 화면으로 돌아간다. 이 화면에서 CHANGE WI-FI를 클릭해 Wi-Fi를 재설정한다.

ESP32 보드에 Tasmota를 설치하고 Wi-Fi 재설정까지 모두 끝냈다. 이제부터는 Tasmota에 접속해 펌웨어를 설치할 때처럼 ESP32 보드를 USB 케이블로 컴퓨터나 노트북에 연결하고, 설정 화면에서 VISIT DEVICE를 클릭해 Tasmota를 사용할 수 있다.

IP 주소를 통해 Tasmota에 접속하는 방법도 있다. ESP32 보드를 USB 케이블로 컴퓨터나 노트북에 연결하고 설정 화면에서 VISIT DEVICE를 클릭한다. 웹브라우저 주소창에 보이는 192.168.X.X(공유기마다 숫자가 다를 수 있음) 형식의 숫자 네 개가 내부 주소, 즉 IP 주소다. IP 주소를 알아두면 설치 화면을 거치지 않아도 언제든지 웹브라우저 주소창에 IP 주소를 입력해 Tasmota를 사용할 수 있다.

ESP32 보드를 USB 포트에서 분리하고 웹브라우저 IP 주소를 입력하면 Tasmota에 접속이 안 된다. ESP32 보드는 전원을 연결해야 작동한다. 그동안은 USB 포트를 통해 전기가 공급돼 작동한 것이므로 USB 포트에 연결된 ESP32 보드를 분리하면 작동하지 않는다.

컴퓨터나 노트북에 연결해서 사용할 수 없는 상황도 생기기 마련이다. 이런 경우에는 마이크로 5핀 휴대전화 충전기와 ESP32 보드를 연결해서 IP 주소로 접속하면 Tasmota를 사용할 수 있다. 직류 5~12볼트 파워서플라이(SMPS)의 전원 잭과 연결하거나 건전지, 충전기 등 5~12볼트의 직류전원을 사용하는 장치, ESP32 R32 보드에서 Vin과 GND라고 표기된 핀에 연결해도 작동한다. 더 이상 쓰지 않는 충전기, Wi-Fi 공유기에서 사용하던 어댑터 등이 집에 하나씩은 있을 것이다. 5~12볼트 전압의 교류-직류컨버터를 대체할 수 있는 기기다. 이런 것들로 전원을 공급해주면 ESP32 보드가 작동한다.

지금부터는 같은 Wi-Fi 공유기에 연결된 컴퓨터, 노트북, 스마트폰, 태블릿 PC를 통해 어떤 웹브라우저든 Tasmota에 접속해 필요한 설정을 하고 보드를 작동시킬 수 있다. 만약 ESP32 보드를 인식하지 못하거나 센서, 릴레이가 제대로 작동하지 않으면 케이블이 올바르게 연결되어 있는지부터 확인한다. 특히 센서의 +, -극이 전원의 +, -극과 반대로 연결되면 순식간에 센서가 고장 나므로 주의해야 한다.

나도 Tasmota 펌웨어를 설치하기로 했다. ESP32 R32 보드에 마이크로 5핀 USB 케이블을 연결해 노트북의 USB 포트에 꽂았다. 순서대로 하다 보니 Tasmota 펌웨어는 그리 어렵지 않게 설치했다. Wi-Fi 설정도 한 번에 성공했지만, 실험 삼아 Reset 명령어를 사용해 기존 Wi-Fi 설정을 지우고 재설정해봤다.

펌웨어를 설치하기 전에 ESP32 R32 보드 핀에 릴레이 모듈을 연결하고, 펌웨어를 재설치하는 중간에 에러가 발생했다. 여기저기 자료를 찾아보니 릴레이 모듈이나 센서가 ESP32 R32 보드의 전원을 사용하므로 펌웨어 설치에 필요한 전원이 모자라서 오류나 에러가 발생할 수 있다고 한다. ESP32 R32 보드에 연결된 릴레이와 센서를 모두 분리하고 펌웨어를 설치하니 이번에는 잘 되었다.

펌웨어가 설치된 후에도 간혹 ESP32 R32 보드 핀에 릴레이 모듈이나 센서의 전원 선을 연결할 경우 펌웨어 작동이 잘 되지 않을 때도 있었다. 이 경우 센서나 릴레이에 연결된 전원 선만 분리하고, 펌웨어에 접속한 다음 분리한 전원 선을 ESP32 R32보드에 다시 연결하니 잘 작동했다.

컴퓨터의 USB 포트로부터 ESP32 R32 보드가 공급받는 전기, 그리고 ESP32 R32 보드에서 자체적으로 만들어내는 5V와 3.3V의 전원은 그리 크지 않다고 한다. 그래서 별도의 5V 또는 3.3V 전원장치나 모듈을 구입해 센서, 릴레이 전원으로 사용하는 게 좋다고 한다.

실제로 스마트팜을 구축하면 많은 센서와 릴레이를 사용하게 된다. 따라서 전문가들은 센서와 릴레이가 충분한 전원을 공급받을 수 있도록 별도의 5V와 3.3V 전원장치나 모듈을 사용하는 것을 권장하고 있다.

하나 더. Tasmota 펌웨어를 설치할 때는 가급적 ESP32 R32 보드에 연결된 센서와 릴레이 모듈은 분리한 후 사용하는 것이 바람직하다. 김 박사도 펌웨어를 설치할 때는 센서와 릴레이 모듈을 ESP32 R32 보드에서 분리하는 것이 습관이 되었다고 한다.

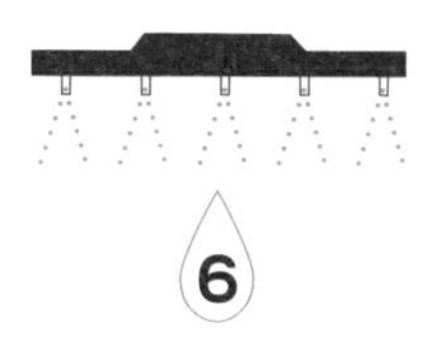

6

스마트팜 DIY 따라하기

Tasmota 설정 화면

Main Menu

ESP32-DevKit

Tasmota

- Configuration
- Information
- Firmware Upgrade
- Tools
- Restart

Configuration 설정 진입
Information 기기 정보 보기
Firmware Upgrade
펌웨어 업그레이드
Tools 각종 도구
Restart 기기 재시작

Configuration

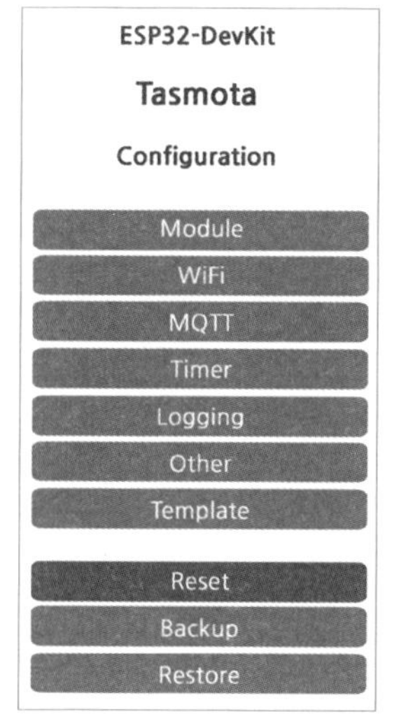

Configure Module 핀(포트) 설정
Configure WiFi Wi-Fi 설정
Configure MQTT MQTT 설정
Configure Timer 스케줄 설정

Tools

Console 명령어로 조작
Berry Scripting Console
기기 작동 자동화
GPIO Viewer 포트에
연결된 부품 작동 보기
Main Menu 메인화면 복귀

따라하기 1 시험 작동

Main Menu 화면 → Configuration 화면 → Configure Module 순으로 버튼을 클릭해 Configure Module 화면에 진입한다.

Configure Module 화면

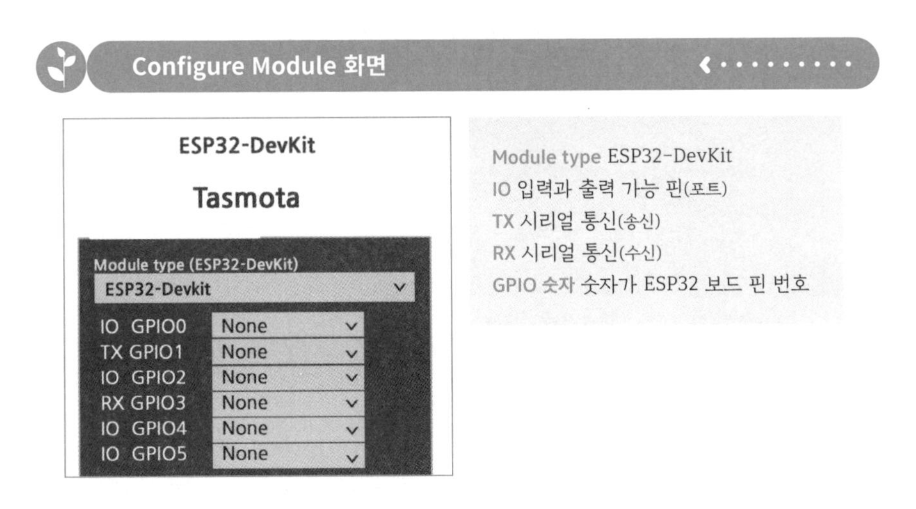

GPIO2는 ESP32 보드에 기본으로 장착된 LED이다. ESP32 보드를 전원에 연결하면 켜지는, 빨간색 LED 바로 옆의 LED(GPIO2, 2번 포트)를 원격으로 켰다 껐다 하는 시험 작동을 해볼 것이다.

GPIO2 옆의 None을 클릭하면 ESP32 보드의 각 포트를 어떤 기능(릴레이, 스위치 등)으로 사용할지, 센서와 연결할지 등을 장치 리스트에서 선택할 수 있다. 여기에서 Relay를 선택한다.

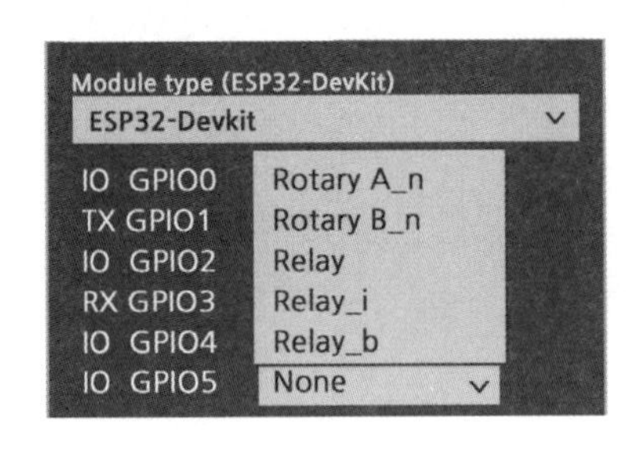

Relay 옆의 숫자 1은 Tasmota에서 각각 어떤 장치인지를 구별해주는 장치 식별번호다. 우선 1로 설정하고, 설정 화면 맨 아래에 있는 Save 버튼을 클릭해 설정을 저장한다. 메인화면으로 돌아오면 이전에 없던 Toggle(토글) 버튼과 OFF가 나타난다. OFF는 꺼짐 상태 표시이다.

시험 작동을 위해 Toggle을 클릭하면 ESP32 보드에 장착된 파란색 LED가 켜지면서 Tasmota의 상태 표시가 OFF에서 ON으로 바뀐다. 다시 Toggle을 클릭하면 파란색 LED는 꺼지고, Tasmota의 상태 표시는 ON에서 OFF로 바뀐다. 이처럼 Toggle 버튼은 어떤 상태를 전환할 때 사용하며, 키보드의 Caps Lock처럼 한 번 누르면 켜지고 다시 누르면 꺼짐으로써 상태를 반대로 전환하는 버튼이다.

Toggle 버튼으로 LED 상태 전환하기

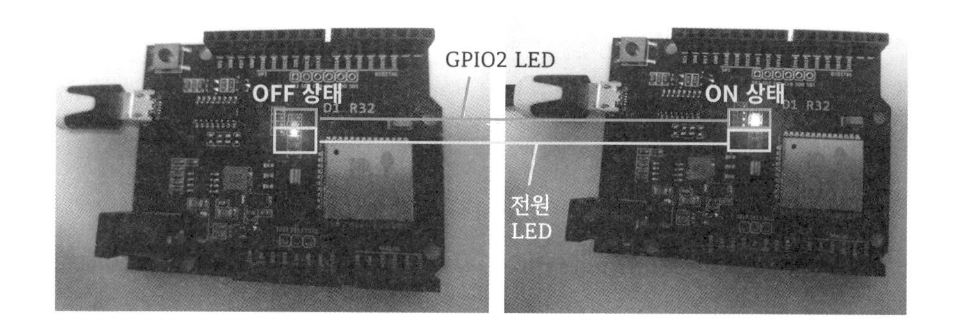

따라하기 2 온습도 센서 연결하기

온습도 센서인 DHT22 센서 모듈은 ESP32 보드와 연결한다. DHT22의 +는 ESP32 보드의 전원 3.3V로 연결한다. −는 GND에 연결하는데, 보드의 어느 GND 핀이든 연결할 수 있다. out(S라고 함)은 IO4에 4번 핀을 꽂아 센서의 데이터 출력과 연결한다. 센서에서 측정되는 온습도를 Tasmota에서 확인한다.

ESP32보드와 DHT22 모듈 연결　　　　결선도(선을 연결한 방법)

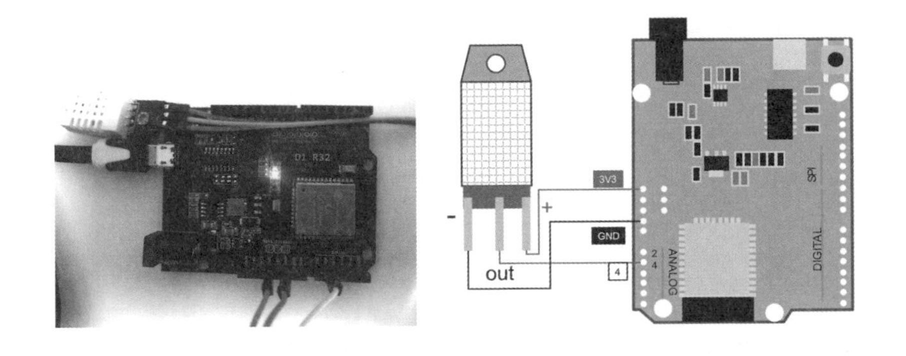

온습도 값은 다음과 같이 확인하면 된다. Tasmota 메인화면의 Configuration 설정 화면에서 Configure Module을 클릭한다. 설정 화면에서 IO GPIO4의 None 탭을 클릭해 리스트 가운데 AM2301(DHT22를 인식하는 설정 이름)을 선택한다. 설정 화면 하단의 Save를 눌러 메인화면으로 돌아오면 센서가 측정한 온습도 값을 확인할 수 있다. 화면에서 Temperature는 온도, Humidity는 상대습도, Dew point는 이슬점(대기 속 수증기가 포화되어 그 수증기의 일부가 물로 응결할 때의 온도)이다.

AM2301 Temperature 20.3 °C
AM2301 Humidity 33.1 %
AM2301 Dew point 3.5 °C

따라하기 3 릴레이 제어하기

Tasmota에서 릴레이를 제어하는 방법을 따라해보자. 다시 말해 Tasmota에서 측창, 보온커튼, 차광커튼에 연결된 전동개폐기 모터를 정회전이나 역회전시켜 여닫도록 설정하는 방법이다. 이 설정에는 4채널 릴레이 모듈을 사용한다.

ESP32 보드의 디지털 포트와 릴레이를 연결해 원격으로 제어할 수 있는 릴레이 수는 8개다. 장치나 반도체 칩끼리 송신과 수신을 동시에 할 수 있는 SPISerial Peripheral Interface 포트를 통신 기능 대신 입출력이 가능하도록 설정하면 12개까지 사용할 수 있다. 그러나 4채널 이상의 릴레이 모듈을 사용하기에는 ESP32 보드에서 제공하는 전원의 용량이 부족하다. 따라서 별도의 5볼트 전원

 **4채널 릴레이 모듈의 작동** 

ESP32보드와 4채널 릴레이 모듈 연결

결선도

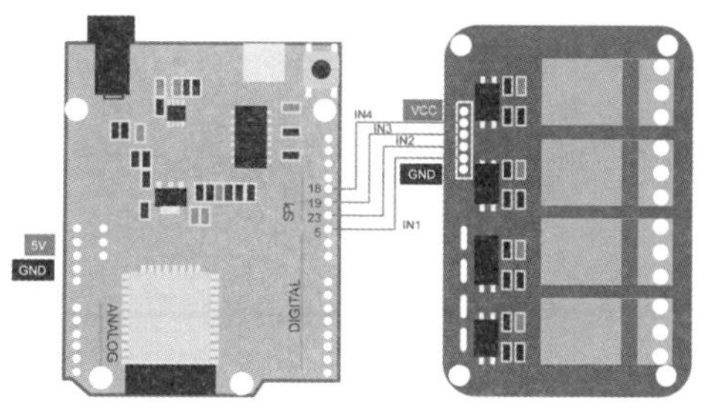

(SMPS, 파워서플라이)을 가진 릴레이 모듈의 전원과 연결해야 한다. ESP32 보드의 전원을 다른 부품에서 많이 사용하면 ESP32 보드가 작동을 멈출 수 있으니 주의한다.

모두 연결했다면 4채널 릴레이 모듈을 작동시켜보자. 센서와 마찬가지로 릴레이 모듈의 VCC, GND는 ESP32 보드의 5볼트, GND에 각각 점퍼케이블로 연결하고, 릴레이 모듈의 IN1~4는 ESP32 보드의 디지털 포트에 각각 점퍼케이블로 연결한다.

모두 연결했으면 Tasmota 메인화면의 Configuration에서 Configure Module을 클릭한다. 설정 화면에 들어가면 이전 테스트를 위해 설정한 대로 GPIO2의 장치 식별번호가 1로 되어 있다. ESP32 보드의 GPIO 5, 23, 19, 18을

4채널 릴레이 모듈과 ESP32 보드 핀 연결

4채널 릴레이	ESP32 보드	참고
VCC	5V	릴레이 모듈은 5V 전원 사용
IN1	IO5	SPI 통신으로 사용 시 SS, 평상시 입출력 포트
IN2	IO23	SPI 통신으로 사용 시 MOSI, 평상시 입출력 포트
IN3	IO19	SPI 통신으로 사용 시 MISO, 평상시 입출력 포트
IN4	IO18	SPI 통신으로 사용 시 SCK, 평상시 입출력 포트
GND	GND	릴레이가 작동하지 않거나 고용량 릴레이를 사용할 때는 릴레이 전원의 GND와 ESP32 보드의 GND를 점퍼케이블로 연결한다. 각기 다른 전원과 전압을 사용할 경우 0V를 기준으로 맞추기 위해서다

다시 Relay로 설정하고, 장치 식별번호도 다음과 같이 2, 3, 4, 5로 설정한다. 장치 식별번호는 각 장치를 구별하기 위한 번호이므로 번호가 겹치지 않아야 한다. 설정된 릴레이 숫자가 많아지면 상태는 OFF, ON 대신에 0, 1로 표시된다.

IO GPIO5	Relay	2
IO GPIO23	Relay	3
IO GPIO19	Relay	4
IO GPIO18	Relay	5

장치 식별번호를 설정한 후 Save를 클릭해 저장한 뒤 메인화면으로 돌아오면 다음과 같이 바뀌어 있다.

제대로 설정했는지 확인하기 위해 숫자 1, 2, 3, 4, 5 버튼을 차례대로 눌러본다. 1번 버튼을 클릭할 때마다 상태 표시가 0, 1로 변경되면서 ESP32 보드의 LED가 켜졌다 꺼졌다 할 것이다. 2번 버튼을 클릭할 때는 릴레이 모듈의 1번 릴레이가 켜졌다 꺼졌다 하면서 상태 표시는 0이나 1로 변경된다.

이와 같은 방법으로 나머지 3~5번 버튼도 클릭하면 2번 버튼을 클릭할 때처럼 릴레이 내부의 철판이 딸깍거리며 작동한다. 릴레이의 내부 철판이 COM 단자와 NC 단자에 연결되어 있다가 버튼을 누르면(ESP32 보드는 3.3볼트를 릴레이에 보냄) NO 단자와 연결되고, 다시 버튼을 누르면(ESP32 보드는 0볼트를 릴레이에 보냄) 릴레이의 내부 철판이 NO 단자에서 NC 단자로 이동한다. 딸깍 소리가 나

Low Level Trigger 방식의 릴레이 모듈

2번 버튼을 클릭하지 않았을 때
(상태 표시 0)

2번 버튼을 클릭했을 때
(상태 표시 1)

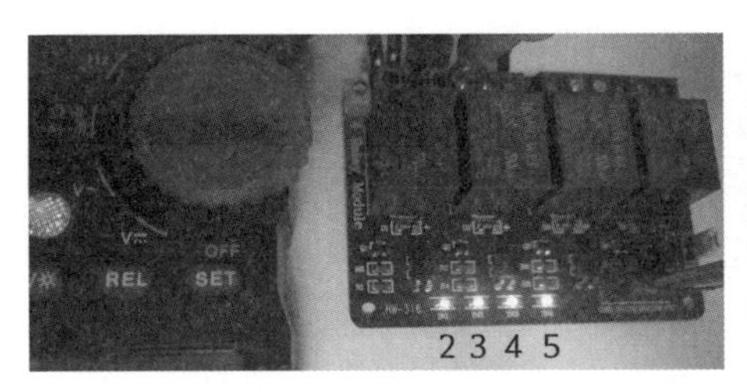

면서 릴레이 모듈의 LED가 켜졌다 꺼졌다 하기 때문에 작동 상태를 알 수 있다.

앞서 설명했듯이 릴레이 모듈은 Low Level Trigger 방식과 High Level Trigger 방식이 있다. Low Level Trigger 방식은 버튼을 클릭하지 않은 상태 0에서(ESP32 보드에서 0볼트 출력)에서 COM 단자–NO 단자가 연결되고, 버튼을 클릭한 상태 1에서(ESP32 보드에서 3.3볼트 출력)에서는 COM 단자–NC 단자와 연결된다. Low Level Trigger 방식의 릴레이 모듈은 Tasmota에서 설정 후 0볼트 출력이 되므로 바로 작동하기도 한다.

앞서 말한 대로 Low Level Trigger 방식의 릴레이를 사용할 경우 ON(상태 표시 1)과 OFF(상태 표시 0)가 반대로 작동한다. 이런 혼란을 방지하기 위해 장치를 선택할 때 Tasmota 설정에서 Relay대신 Relay_i를 선택하면 반대로 작동하고, 작동 상태도 반대로 표시된다. 여기서 Relay 글자 뒤의 i는 invert(뒤집다)를 의미한다. 두 개의 장치를 동시에 작동시켜 하나는 켜지고, 다른 하나는 꺼지게 할 때 Relay_i를 사용하면 편리하다.

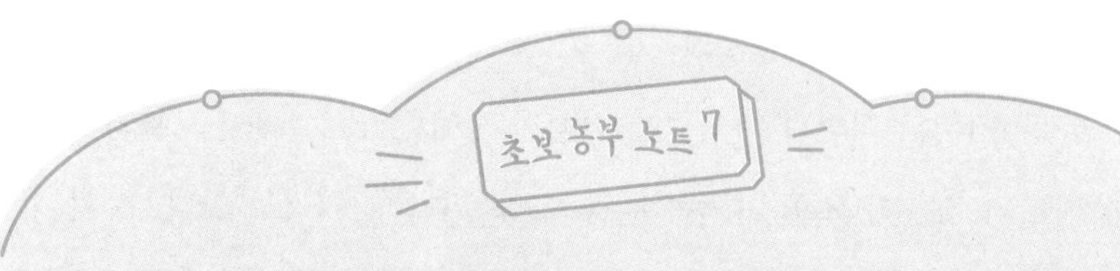

지난 번 부품을 주문할 때 4채널 릴레이도 주문하는 것을 잊었다. 이번에 2, 4, 8, 16 채널 릴레이를 모두 구입했다. 다음에 부품을 구입할 때는 구입 목록을 정리한 뒤 주문해야겠다.

릴레이는 비쌀 것이라고 생각했는데, 가장 싼 릴레이가 2,000원이고 16채널은 1만 5,000원 정도라서 조금 놀랐다. 또 주문하는 것이 귀찮아 두 개씩 사놓았다.

주문한 부품을 받자마자 릴레이 모듈과 ESP32 보드를 연결해봤다. 점퍼선으로 연결하려니 계속 헷갈려서 몇 번이나 다시 확인해야 했다. Tasmota를 설정한 뒤 작동해보니 릴레이 Tasmota 화면의 버튼을 누를 때마다 릴레이 모듈에 있는 LED가 점등되고 딸깍 소리가 난다. 지금은 릴레이 모듈의 LED가 작동되고 있다는 것을 딸깍 소리로 아는 게 훨씬 편하다.

다만 릴레이 한 개에서 LED는 점등되는데 딸깍 소리가 나지 않아 구매처에 문의하니 불량이라면서 교환해주기로 했다. 릴레이 모듈의 릴레이가 고장 나면 LED는 점등돼도 딸깍 소리는 나지 않는다고 한다. 릴레이 고장을 판별하는 가장 간단한 방법인 것 같다.

테스터기의 연결봉으로 릴레이 출력의 COM 단자와 NO 단자, NC 단자에 순서대로 대보면서 전기가 통하는지 테스트해보았다. COM 단자와 NO 단자가 작동하지 않는 것을 보고 고장이라는 걸 알 수 있었다.

내친 김에 집에 있는 콘센트, 플러그, 전선을 가지고 릴레이의 출력단자에 연결해 테스트해보았다. 콘센트에 꽂혀 있는 선풍기가 잘 작동한다. 드디어 릴레이의 작동 원리를 이해하게 된 것 같다.

따라하기 4 전동개폐기 제어하기

전동개폐기의 정회전과 역회전은 어떻게 제어할까? 릴레이 모듈의 릴레이 두 개를 하나의 쌍(그룹)으로 만드는 것을 인터록Interlock이라고 한다. 장치 식별번호 2, 3, 4, 5의 2, 3을 하나의 쌍, 4, 5를 하나의 쌍으로 만들어서 인터록을 설정한다.

인터록을 설정하는 과정은 조금 복잡한 편이다. 이렇게 복잡한 설정을 해야 할 때는 명령어를 사용한다. 먼저 메인화면에서 Tools를 클릭해 도구 화면으로 이동한 다음 Console을 클릭해 Console 화면으로 들어간다.

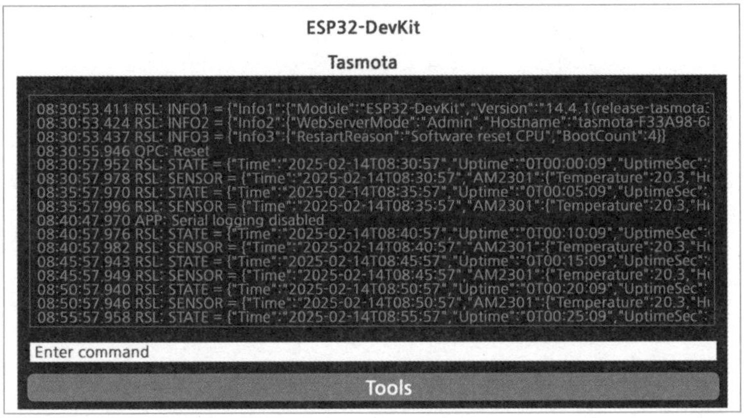

ESP32-DevKit

Tasmota


```
08:30:53.411 RSL: INFO1 = {"Info1":{"Module":"ESP32-DevKit","Version":"14.4.1(release-tasmota:
08:30:53.424 RSL: INFO2 = {"Info2":{"WebServerMode":"Admin","Hostname":"tasmota-F33A98-6
08:30:53.437 RSL: INFO3 = {"Info3":{"RestartReason":"Software reset CPU","BootCount":4}}
08:30:55.946 QPC: Reset
08:30:57.952 RSL: STATE = {"Time":"2025-02-14T08:30:57","Uptime":"0T00:00:09","UptimeSec":
08:30:57.978 RSL: SENSOR = {"Time":"2025-02-14T08:30:57","AM2301":{"Temperature":20.3,"Hu
08:35:57.970 RSL: STATE = {"Time":"2025-02-14T08:35:57","Uptime":"0T00:05:09","UptimeSec":
08:35:57.996 RSL: SENSOR = {"Time":"2025-02-14T08:35:57","AM2301":{"Temperature":20.3,"Hu
08:40:47.970 APP: Serial logging disabled
08:40:57.976 RSL: STATE = {"Time":"2025-02-14T08:40:57","Uptime":"0T00:10:09","UptimeSec":
08:40:57.982 RSL: SENSOR = {"Time":"2025-02-14T08:40:57","AM2301":{"Temperature":20.3,"Hu
08:45:57.943 RSL: STATE = {"Time":"2025-02-14T08:45:57","Uptime":"0T00:15:09","UptimeSec":
08:45:57.949 RSL: SENSOR = {"Time":"2025-02-14T08:45:57","AM2301":{"Temperature":20.3,"Hu
08:50:57.940 RSL: STATE = {"Time":"2025-02-14T08:50:57","Uptime":"0T00:20:09","UptimeSec":
08:50:57.946 RSL: SENSOR = {"Time":"2025-02-14T08:50:57","AM2301":{"Temperature":20.3,"Hu
08:55:57.958 RSL: STATE = {"Time":"2025-02-14T08:55:57","Uptime":"0T00:25:09","UptimeSec":
```


Enter command

Tools

Enter Command 입력창에 명령어를 입력하면 Tasmota에 추가 기능을 설정하거나 기능을 자동화할 수 있다. 입력창에 사용자가 명령어를 집적 입력해도 되고, 여러 명령문을 메모장에 작성해서 복사 후 붙여넣기를 해도 된다.

인터록 설정 명령문을 입력한 다음에는 엔터키를 클릭해 실행한다. 명령어 다음에 다른 명령문을 입력할 때는 스페이스바를 클릭해 한 칸씩 띄어준다. 또 쌍이 되는 장치 식별번호를 쓸 때 앞 번호 뒤의 쉼표 다음은 띄어쓰기를 하지 않는 반면, 쌍과 쌍 사이는 한 칸씩 띄어준다.

인터록 설정
명령어
Interlock
Interlock (번호1, 번호2) (번호n, 번호n)
입력문
Interlock 2,3 4,5
장치 식별번호 2와 3, 4와 5를
쌍으로 설정
응답
Result={"Interlock": "OFF", "Groups": "2,3 4,5"}
인터록은 해제 상태이며, 장치 식별번호 2,3과 4,5가 쌍
명령어
Interlock
Interlock 설정값(1: 활성화, 0: 해제)
입력문
Interlock 1
설정값을 1로 해 인터록 기능 활성화
응답
Result={"Interlock": "ON", "Groups": "2,3 4,5"}
인터록은 활성화 상태이며, 장치 식별번호 2,3과 4,5가 쌍

설정이 끝나면 인터록 기능이 메인화면에 제대로 적용되었는지 확인해야 한다. 맨 아래 버튼을 클릭한 다음 Tools 화면에서 메인 메뉴를 클릭해서 메인 화면으로 되돌아간다.

메인화면에는 다음과 같은 화면이 나타날 것이다. 이 화면에서 2번 버튼을 클릭하면 버튼 위의 상태 표시가 1로(1번 릴레이 켜짐) 되어 있어 이전 화면과 차이가 없는 것처럼 보인다. 그러나 3번 버튼을 클릭하면 버튼 위의 상태 표시가 1로 바뀌고(2번 릴레이 켜짐), 동시에 2번 버튼 위의 상태 표시는 0(1번 릴레이 꺼짐)으로 바뀐다.

이처럼 인터록 기능은 쌍으로 설정된 하나의 버튼을 켜면 같은 쌍의 다른 버튼은 꺼지게 하는 기능이다. 인터록은 한 사람이 일어나면 나머지 한 사람은

인터록 작동 화면

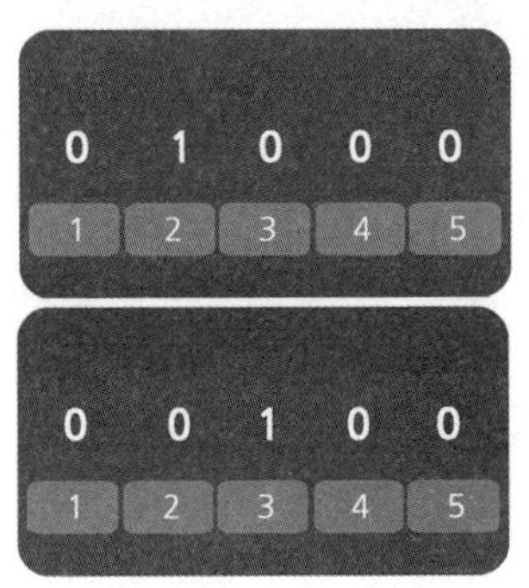

스마트폰에서 2번 클릭 후 화면

스마트폰에서 3번 클릭 후 화면,
3번을 클릭하는 동시에 2번은 0으로 바뀜

앉고, 반대로 한 사람이 앉으면 나머지 한 사람은 일어서게 만드는 것과 같다. 따라서 4, 5번 버튼을 각각 클릭해도 2, 3번 버튼처럼 작동한다. 릴레이 모듈 출력단자에 앞에서 설명한 H–bridge 방식으로 전동개폐기의 선을 연결하면 정회전 또는 역회전하는 것을 볼 수 있다. 만약 정회전 또는 역회전 도중 멈추고 싶다면 1 상태의 버튼을 클릭하면 멈춘다.

새로운 인터록을 설정할 때는 Interlock 0 명령문을 입력한 후 재설정해도 된다. 그러나 새로운 인터록 설정 명령문을 입력하고 실행하면 이전에 설정한 인터록은 지워지고, 새롭게 입력한 인터록 설정으로 변경된다. 예를 들어 기존의 1,2 또는 3,4 인터록 쌍에 5,6을 추가하고 싶다면 명령문 Interlock 1,2 3,4 5,6을 입력해 실행한다. 설정된 인터록을 확인할 때는 Interlock만 입력해도 현재 설정된 상태를 보여준다.

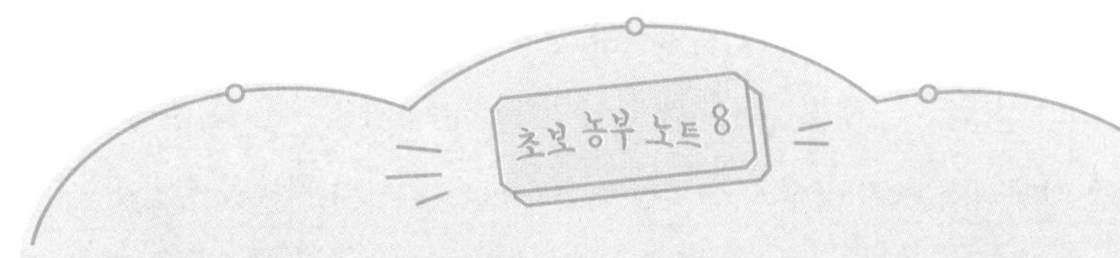

오늘은 전동개폐기를 설정해봤다. 이전에 구입해둔 24V SMPS와 릴레이 모듈을 연결하고, Tasmota에서 인터록을 설정한 다음 작동시키니 잘 작동한다. 스마트폰 터치만으로도 가능하다니 신기하다. 전동개폐기를 여러 번 정회전과 역회전시켜봤다.
한창 온실에서 몰두하고 있는데, 지나던 길에 잠깐 들른 김 박사가 웃으면서 그렇게 신기하냐고 물었다. 내게 스마트팜 박사가 된 것 같다고 한다. 그 말을 하면서 혼자서도 잘 하고 있다는 사실이 아주 뿌듯했다.
김 박사가 내가 하는 걸 보더니 회전 방향을 갑자기 바꾸면 모터에 과전류가 흘러 모터가 망가질 수 있다고 말해주었다. 모터가 회전할 때 갑자기 방향 전환을 하지 말라고 신신당부한다. 그리고 이런 경우를 대비해 전동개폐기와 릴레이 모듈에 연결된 선에 퓨즈소켓과 퓨즈를 달아서 사용하는 게 안전하다고 알려준다. 과전류가 흐르면 달아놓은 퓨즈가 먼저 망가져 전동개폐기 모터를 보호할 수 있다는 것이다.
아직도 배워야 할 게 아주 많다. 스마트팜을 직접 만들면서 전기는 물론이고 ESP32 보드, Wi-Fi, Tasmota, 그리고 이번에 연습해본 인터록 설정까지 새로운 것투성이다. 새로운 것은 열심히 배워서 온전한 내 것으로 만들어야겠다는 욕심이 생긴다.

따라하기 5 전동개폐기 셔터 기능 설정하기

아무리 설정을 잘 해놓는다고 해도 매번 Tasmota 화면 버튼을 클릭해 전동개폐기를 작동시키는 건 상당히 불편하다. Tasmota의 셔터 기능을 활용하는 것이 훨씬 편하다. 셔터 기능이란 열림과 닫힘 버튼을 클릭해 자동으로 정해진 시간 동안 여닫는 기능을 말한다.

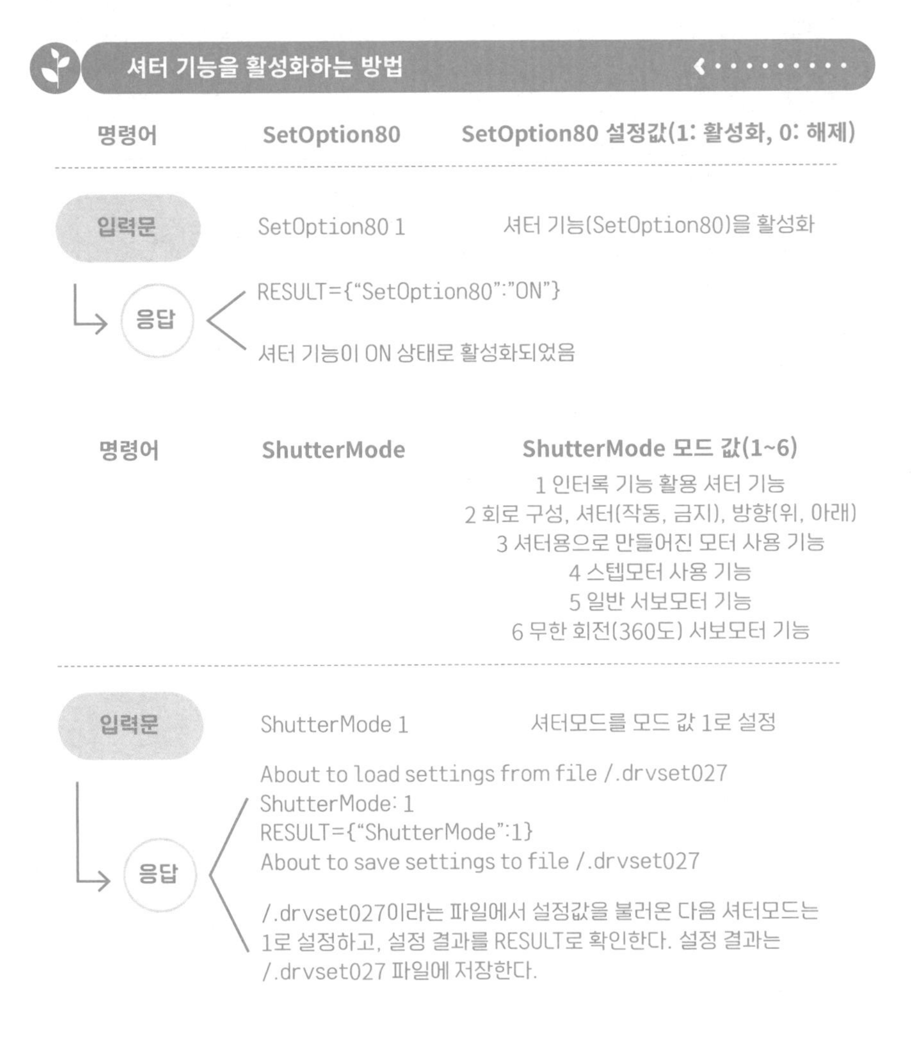

셔터 기능을 활성화하는 방법
명령어
SetOption80
SetOption80 설정값(1: 활성화, 0: 해제)
입력문
SetOption80 1
셔터 기능(SetOption80)을 활성화
응답
RESULT={"SetOption80":"ON"}
셔터 기능이 ON 상태로 활성화되었음
명령어
ShutterMode
ShutterMode 모드 값(1~6)
1 인터록 기능 활용 셔터 기능
2 회로 구성, 셔터(작동, 금지), 방향(위, 아래)
3 셔터용으로 만들어진 모터 사용 기능
4 스텝모터 사용 기능
5 일반 서보모터 기능
6 무한 회전(360도) 서보모터 기능
입력문
ShutterMode 1
셔터모드를 모드 값 1로 설정
응답
About to load settings from file /.drvset027
ShutterMode: 1
RESULT={"ShutterMode":1}
About to save settings to file /.drvset027
/.drvset027이라는 파일에서 설정값을 불러온 다음 셔터모드는 1로 설정하고, 설정 결과를 RESULT로 확인한다. 설정 결과는 /.drvset027 파일에 저장한다.

셔터 기능은 다음 순서대로 설정한다. 메인화면에서 Tools 화면으로 들어간 다음 Console을 클릭해 Console 화면으로 들어간다. Console 화면에서 명령어를 입력하고 실행하면 된다. 그다음 셔터 기능을 활성화시킨다. 셔터모드에도 여러 종류가 있으니 릴레이를 사용한 셔터모드는 1로 설정한다.

셔터 기능은 인터록과 함께 사용하는 기능이다. 그래서 어떤 인터록을 몇 번 셔터로 지정할지 설정해야 한다. 셔터를 지정하는 명령어는 ShutterRelay이며, ShutterRelay(번호) (인터록 그룹의 첫 번째 장치 식별번호)라고 작성한다. 예를 들어 장치 식별번호 1,2로 설정된 인터록을 셔터1로 지정하는 명령어는 ShutterRelay1 1이다.

ShutterRelay(번호)의 번호는 1번부터 차례대로 지정하고, 잊어버릴 경우를 대비해 Interlock을 지정한 장치 식별번호와 셔터 번호를 기록해둔다. 셔터 기능을 지정한 뒤에는 인터록도 셔터로 작동하므로 인터록을 재설정하거나 수정하면 셔터도 인터록에 맞게 다시 지정해야 한다.

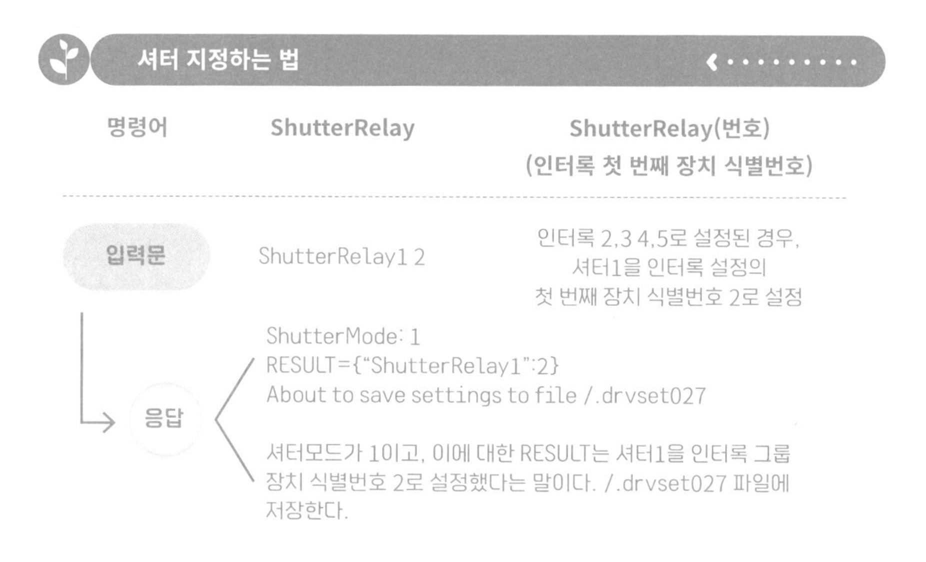

셔터 지정하는 법
명령어
ShutterRelay
ShutterRelay(번호)
(인터록 첫 번째 장치 식별번호)
입력문
ShutterRelay1 2
인터록 2,3 4,5로 설정된 경우,
셔터1을 인터록 설정의
첫 번째 장치 식별번호 2로 설정
응답
ShutterMode: 1
RESULT={"ShutterRelay1":2}
About to save settings to file /.drvset027
셔터모드가 1이고, 이에 대한 RESULT는 셔터1을 인터록 그룹
장치 식별번호 2로 설정했다는 말이다. /.drvset027 파일에
저장한다.

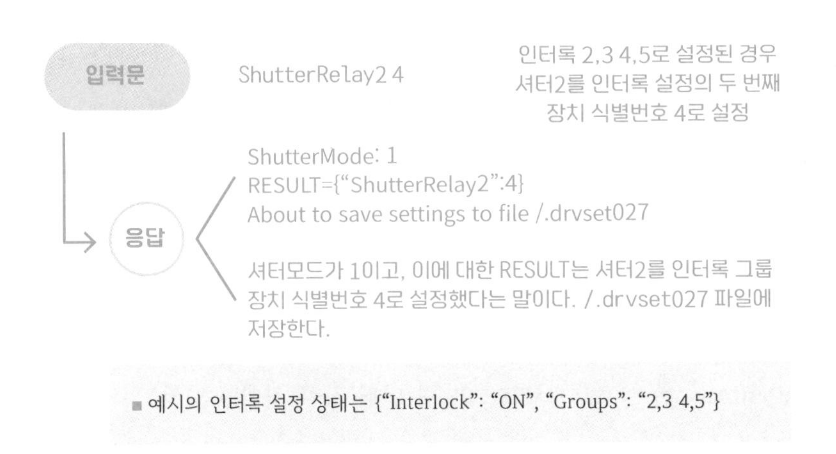
입력문
ShutterRelay2 4
인터록 2,3 4,5로 설정된 경우
셔터2를 인터록 설정의 두 번째
장치 식별번호 4로 설정
응답
ShutterMode: 1
RESULT={"ShutterRelay2":4}
About to save settings to file /.drvset027
셔터모드가 1이고, 이에 대한 RESULT는 셔터2를 인터록 그룹
장치 식별번호 4로 설정했다는 말이다. /.drvset027 파일에
저장한다.

■ 예시의 인터록 설정 상태는 {"Interlock": "ON", "Groups": "2,3 4,5"}

위와 같이 셔터1과 셔터2 두 개를 지정한 다음 메인화면으로 돌아오면 화면에 Close와 Open 슬라이드가 생긴 걸 볼 수 있다. 또 기존의 장치 식별번호 2, 3, 4, 5 버튼 대신 ▼▲ 버튼으로 바뀌어 있다.

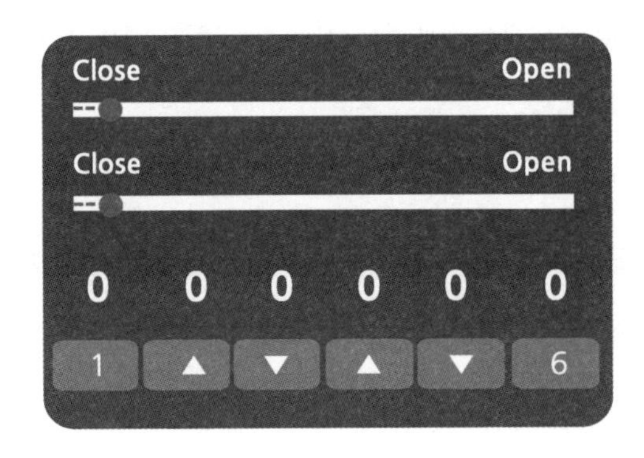
Close
Open
Close
Open
0 0 0 0 0 0
1 ▲ ▼ ▲ ▼ 6

▼▲ 버튼에서 ▲는 Open(열림)을 의미하고, ▼는 Close(닫힘)를 의미한다. ▲ 버튼을 클릭하면 슬라이드의 파란색 바가 Open 쪽으로 이동하고, Open에 도달하면 자동으로 작동이 멈춘다. ▼ 버튼은 이와 반대로 작동한다.

양끝에 각각 Close와 Open이라고 쓰인 슬라이드에서 원하는 방향으로 바를 클릭하거나 터치하면(반대 방향도 동일) ▼▲ 버튼을 클릭하는 것처럼 작동한

다. 다만 ▼▲ 버튼은 원하는 버튼을 클릭하면 Open에서 Close까지 한 번에 작동하고, 작동하고 있더라도 중간에 같은 버튼을 다시 클릭하면 멈출 수 있다.

슬라이드 바는 마우스로 움직이거나 스마트폰 화면에서 원하는 위치까지만 옮겨서 전동개폐기의 열고 닫히는 정도를 조절할 수 있다. 더 많이 열고 싶다면 Open 쪽으로 가까이 옮기면 된다.

Tasmota의 열기와 닫기 방향이 전동개폐기의 작동 방향과 다를 때가 있다. 이때는 릴레이 모듈의 입력 IN에 연결된 선을 반대로 꽂거나(IN 1, 2에 꽂혀 있던 점퍼케이블을 2, 1로 바꿈), 전동개폐기와 릴레이 모듈 출력단자에 연결된 두 선을 반대 방향으로 바꾼다.

전동개폐기를 처음 작동시키면 5~10초 동안 열리고 닫힐 것이다. 기본값으로 설정된 시간을 조정하려면 ShutterOpenDuration과 ShutterCloseDuration 명령어를 사용해 열리고 닫히는 시간을 변경한다.

명령어와 명령문을 여러 번 쓰는 건 번거롭다. 그래서 명령문 여러 개를 한 줄에 쓰는 Backlog 명령어를 활용하면 편리하다. Backlog 명령문; 명령문; …… 형식으로 쓰면 한 줄에 30개까지 명령문을 작성할 수 있다. 셔터 작동 시간을 설정하는 명령문을 예로 들어보겠다.

```
Backlog ShutterOpenDuration1 30; ShutterCloseDuration1 30;
ShutterOpenDuration2 20; ShutterCloseDuration2 20;
```

Backlog 명령어를 활용해 한 줄에 여러 개의 명령어를 입력했지만, Tasmota는 명령어 하나씩 순차적으로 실행하면서 저장하는 과정을 눈으로 확인할 수 있다.

셔터 작동 시간 변경하기

명령어	ShutterOpenDuration (셔터 번호) (열림 시간, 초)	셔터 번호에 해당하는 셔터를 열림 시간으로 설정

입력문: ShutterOpenDuration1 60 — 셔터1의 열림 시간을 60초로 설정

응답:

ShutterMode: 1
RESULT={"ShutterOpenDuration1":60.0}
About to save settings to file /.drvset027

셔터모드가 1로 설정됨을 재확인, RESULT로 셔터1의 열림 시간이 60초로 설정됐음을 보여주고 파일에 저장한다.

예시: ShutterOpenDuration2 20 — 셔터2의 열림 시간을 20초로 설정

명령어	ShutterCloseDuration (셔터 번호) (닫힘 시간, 초)	셔터 번호에 해당하는 셔터를 닫힘 시간으로 설정

입력문: ShutterCloseDuration1 60 — 셔터1의 닫힘 시간을 60초로 설정

응답:

ShutterMode: 1
RESULT={"ShutterCloseDuration1":60.0}
About to save settings to file /.drvset027

셔터모드가 1로 설정됨을 재확인, RESULT로 셔터1의 닫힘 시간이 60초로 설정됐음을 보여주고 파일에 저장한다.

예시: ShutterCloseDuration2 20 — 셔터2의 닫힘 시간을 20초로 설정

- 전동개폐기의 열림과 닫힘 위치가 변하지 않게 열림·닫힘 시간은 같은 시간으로 설정
- 전동개폐기의 열림·닫힘 시간은 셔터 기능을 설정하기 전에 인터록 기능으로 측정해두면 편리
- 셔터의 열림·닫힘 시간 설정은 전동개폐기가 열리고 닫히는 시간 전후로 설정

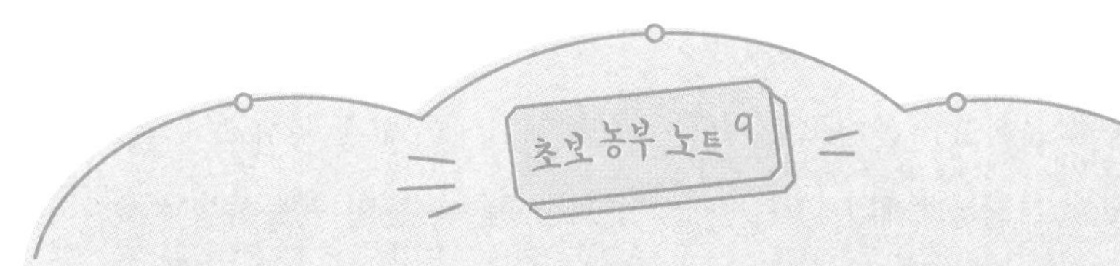

Tasmota에 셔터 기능을 추가하고 나니 비로소 제대로 된 스마트팜 시스템 같아 보인다. 인터록보다 화면도 보기 좋고 나만의 스마트팜이 만들어지는 느낌이다.
매번 명령어를 입력하는 게 번거로워서 노트북의 메모장에 작성해서 붙여 넣으면 그리 어려운 일도 아니다. 비싼 스마트팜을 이렇게 손쉽게 만들 수 있다는 것이 놀랍기만 하다.
Tasmota에 명령어를 입력할 때 주의할 점이 있다. 직접 해보면서 스스로 알게 된 사실이다. 명령어는 대소문자를 구별한다. 명령어의 첫글자는 대문자이고, 여러 단어로 조합된 명령어는 각각의 단어를 대문자로 시작해야 한다. 처음에는 대소문자를 구별하지 않거나 오타 때문에 에러가 나는 경우가 꽤 있었다. 지금은 익숙하다. 소문자로 입력해도 되는 명령어는 실행된다. 그러나 안 되는 명령어도 있으니 명령어를 입력할 때는 늘 첫 글자를 대문자로 입력하는 습관을 들여야겠다.
셔터 기능 덕분에 비닐하우스 온실의 좌측과 우측 개폐기는 잘 작동한다. 무엇보다 아주 편하다. Wi-Fi 공유기 범위 안에서는 다른 일을 하다가도 스마트폰 화면을 터치만 하면 된다. 이제 몸이 덜 고생하겠다. 이런 것이야말로 스마트팜이라는 생각이 든다.

따라하기 6 자동화 규칙 설정하기

자동화 규칙이란 온습도 센서 같은 센서에서 측정값과 설정값의 조건이 맞으면 자동으로 전동개폐기, 펌프, 배기 팬과 유동 팬 등이 작동하는 기능이다. 스마트팜을 만들기 위해서는 이 자동화 규칙을 꼭 설정해야 한다.

Tasmota에서는 명령어 Rule(규칙)을 이용해 자동화 규칙을 설정할 수 있다. Rule〈숫자:번호〉 ON(룰 시작 표시) 조건문 DO(명령어 시작) 실행할 명령어 ENDON(룰 끝 표시) 형식이다.

이 형식을 이용해 자동화 규칙을 만들어보자. Rule1(숫자 1은 1번 규칙이라는 뜻)이라는 명령어로 온습도 센서 DHT22(장치 이름 AM2301, 온도 Temperature, 습도 Humidity)에서 측정된 온도가 섭씨 30도보다 크거나 같으면 셔터1을 열도록 설정한다.

190쪽의 도식은 Tasmota에서 Rule이 작동하는 과정을 표현한 순서도이다. 온습도 센서가 5분마다 ESP32 보드를 통해 측정값을 Tasmota에 전송하면, Tasmota는 측정값을 Rule에 의해 설정된 조건과 비교한다. 설정 조건과 일치하면 셔터를 열고, 조건이 일치하지 않으면 입력된 센서의 측정값과 비교하는 일을 무한 반복한다. 만약 계속 작동 명령이 실행되면 셔터 기능으로 인해 열려 있기 때문에 더 이상 작동하지 않는다. 그러나 불필요한 명령을 계속 실행할 필요가 없으므로 ONCE(한 번만)를 설정해 한 번만 작동하도록 한다. Backlog 명령어를 사용해 Backlog Rule1 1; Rule1 5를 입력하면 Rule1이 활성화되고, 조건에 맞을 때 명령문을 한 번만 실행하도록 설정할 수 있다.

인위적으로 조건을 바꿀 수도 있다. 헤어드라이기를 이용해 DHT22에 뜨거운 공기를 쐬어서 온도 조건에 따라 작동되는 것을 확인한다. 그다음 습도는 센서에 입김을 불면 작동되는 것을 확인할 수 있다. Rule은 한 번만 설정해두면

명령어 Rule을 사용해 자동화 규칙 설정하기

명령어	Rule	Rule<번호> ON 조건문 DO 명령문 ENDON

입력문

Rule1 ON AM2301#Temperature>=30 DO ShutterOpen1 ENDON

Rule1에서 온습도 센서 AM2301의 Temperature 값이 30보다 크거나 같을 때, DO 다음에 있는 ShutterOpen1, 즉 셔터1을 연다.

응답

{"Rule1":{"State":"OFF","ONCE":"OFF","StopOnError":"OFF","Length":47,"Free":464,"Rules":"ON AM2301#Temperature>=30 DO ShutterOpen1 ENDON"}}

Rule1에서 AM2301 장치의 Temperature 값이 30보다 크거나 같으면 셔터1을 연다. Rule의 상태는 OFF(비활성화), ONCE는 OFF(반복 작동)다.

명령어	Rule	Rule<번호> 설정값(1: 활성화, 0: 해제)
입력문	Rule1 1	Rule1을 활성화한다.
	Rule1 0	Rule1을 해제한다(설정한 규칙이 작동되지 않음).

명령어	Rule	Rule<번호> 설정값(5: 조건이 맞으면 한 번만 작동, 4: 조건이 맞으면 반복 작동)
입력문	Rule 5	Rule1에서 설정한 조건이 맞으면 명령문을 한 번만 실행한다. 조건이 맞지 않아 명령문이 실행되지 않으면 다음에 조건이 맞을 때 다시 한 번만 실행한다. 온도가 섭씨 30도, 31도로 변하면 30도일 때 명령문을 한 번만 실행한다. 온도가 섭씨 29도일 때는 조건이 맞지 않아 명령문이 실행되지 않으며, 다시 온도가 섭씨 30도 이상이 되면 30도가 될 때 명령문을 한 번만 실행한다.
	Rule 4	Rule1에서 설정한 조건이 맞으면 계속해서 명령문을 실행한다. 온도가 섭씨 30도, 31도로 계속 변하면 30도일 때 명령문을 실행한다. 온도가 섭씨 31도일 때도 동일한 명령문을 실행한다. 만약 셔터가 열려 있어도 계속 셔터를 열라는 명령을 실행한다.

- Rule은 Rule1, Rule2, Rule3 세 개까지만 만들 수 있다.
- AM2301은 DHT22 온습도 센서의 식별 장치 이름이다. 온도와 습도가 한 번에 측정되므로 #Temperature(온도), #Humidity(습도)로 측정값을 구분한다.
- 기본적으로 센서는 5분마다 측정하고, 설정 조건은 5분마다 체크한다.
- 명령어 ShutterOpen1은 사전에 설정된 셔터1 열기, ShutterClose1은 셔터1 닫기

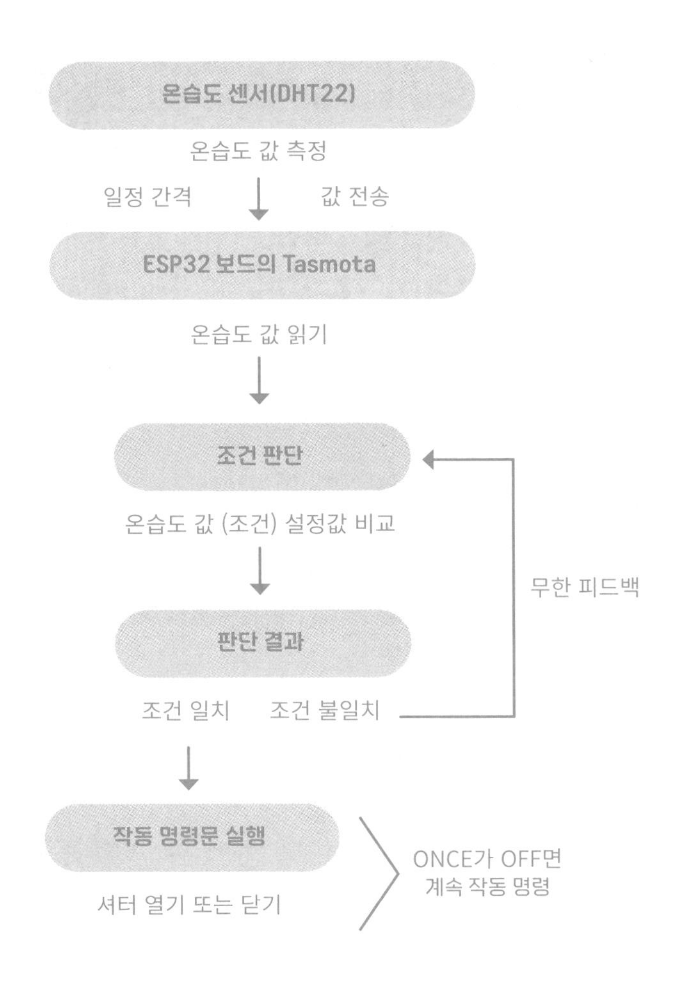

메모리에 저장되므로 전원이 꺼졌다 켜져도 똑같은 규칙이 적용된다.

다음은 습도가 47퍼센트 미만이면 셔터1을 닫고, 60퍼센트 이상이면 셔터1을 여는 조건을 설정하는 명령문이다.

Rule을 만들 때 하나의 규칙에 따라 여러 가지를 한꺼번에 작동시키려면 이처럼 줄을 추가해 작성한다. 동일한 룰 이름(Rule1)에 다음과 같이 명령문을 입력하면 덮어쓰기 방식으로 저장되므로 기존의 Rule은 지우지 않아도 된다.

하나의 Rule에 여러 조건과 명령문을 넣는 법

명령어	Rule	Rule〈번호〉 Rule 설정 입력문 … 마지막 Rule 설정 입력문

입력문

```
Rule<번호>
ON 조건1 DO 실행 명령문1 ENDON
ON 조건2 DO 실행 명령문2 ENDON
…
ON 조건(n번째 조건) DO 실행 명령문(n 번째 명령문) ENDON
```

예시

```
Rule1
ON AM2301#Humidity<=47 DO ShutterClose1 ENDON
ON AM2301#Humidity>=60 DO ShutterOpen1 ENDON
```

응답

```
RESULT = {"Rule1":{"State":"OFF","Once":"OFF","StopOnError":"
OFF","Length":90,"Free":421,"Rules":"ON
AM2301#Humidity<=47 DO ShutterClose1 ENDON ON
AM2301#Humidity>=60 DO ShutterOpen1 ENDON"}}
```

AM2301의 습도 값이 47보다 작거나 같으면 셔터1 닫기, AM2301의 습도 값이 60보다 크거나 같으면 셔터1 열기를 실행한다.
Rule1의 상태는 OFF(꺼짐), Once도 OFF(꺼짐)이므로 Rule1이 실행되도록 Rule1 1, 한번만 작동하도록 Rule1 5를 순서대로 입력한다.

좌측과 우측 창 개폐기가 동시에 움직이게 하려면 DO 다음에 Backlog를 써주고 작동 명령1; 작동 명령2; ……, 즉 DO Backlog 〈Command1〉; 〈Command2〉; 〈Command3〉와 같이 입력한다.

예를 들어 좌측 창 전동개폐기(셔터1)와 우측 창 전동개폐기(셔터2)가 작동하면서 열릴 때 1번과 6번 릴레이에 연결된 배기 팬도 작동시켜야 하는 상황이 있다. 이때는 추가로 장치 식별번호 6을 설정하고, 6번에 해당하는 입출력 포트와 릴레이를 점퍼케이블로 연결한 다음 Rule을 재설정한다.

조건에 따른 복수 명령문 1

Rule 복수 명령문

```
Rule1
ON AM2301#Humidity<=47 DO Backlog ShutterClose1;
ShutterClose2 ENDON
ON AM2301#Humidity>=60 DO Backlog ShutterOpen1;
ShutterOpen2 ENDON
```

열리는 중
(습도 60% 이상)

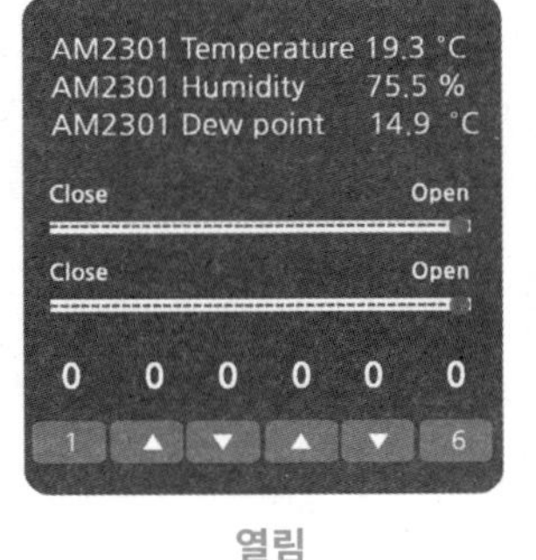

열림
(습도 60% 이상)

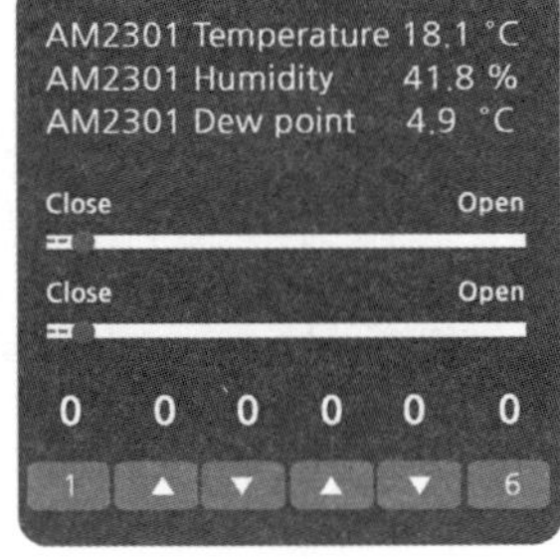

닫힘
(습도 47% 이하)

첫 번째 명령은 습도가 47퍼센트보다 낮거나 같을 때 좌우측 전동개폐기(셔터1과 셔터2)는 닫는 동시에 장치 식별번호 1은 켜고, 장치 식별번호 6은 끄게 하는 명령문이다. 두 번째 명령은 습도가 60퍼센트보다 높거나 같을 때 좌우측 전동개폐기(셔터1과 셔터2)는 여는 동시에 장치 식별번호 1은 끄고, 장치 식별번호 6은 켜게 하는 명령문이다.

전동개폐기처럼 회전하는 기기 말고 팬이나 펌프 등의 켜기나 끄기에도 Rule을 사용할 수 있다. Rule 실행문에 Power(장치 식별번호) 1(켜다), 0(끄다)으로 설정한다. 이때 켜다, 끄다 명령은 셔터처럼 일정 시간 후 원래대로 돌아오지 않고, 계속 바뀐 상태를 유지하므로 반대 조건에서 반대 명령문이 작동하는 규칙도 함께 만들어야 한다.

조건에 따른 복수 명령문 2

Rule 복수 명령문

```
Rule1
ON AM2301#Humidity<=47 DO Backlog ShutterClose1;
ShutterClose2; Power1 1; Power6 0 ENDON
ON AM2301#Humidity>=60 DO Backlog ShutterOpen1;
ShutterOpen2; Power1 0; Power6 1 ENDON
```

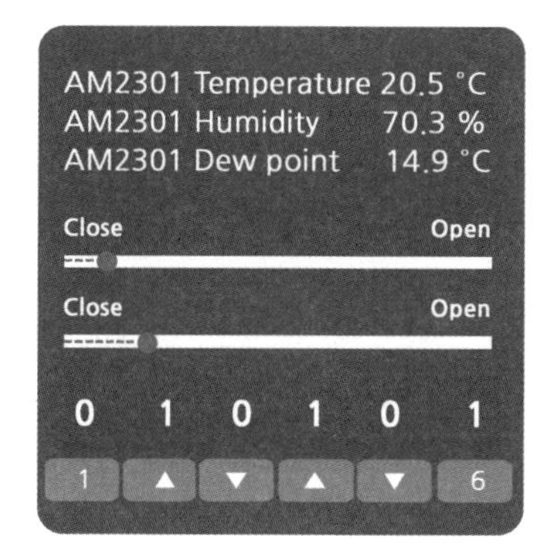

열리는 중
(1번 꺼짐, 6번 켜짐)

닫히는 중
(1번 켜짐, 6번 꺼짐)

Rule을 설정할 때 같은 조건에 따라 움직이는 동작은 하나의 Rule로 만들어야 관리하기도 편하다. 위의 두 조건을 분리해 두 개의 Rule로 만들면 다음과 같다.

```
Rule1
ON AM2301#Humidity<=47 DO Backlog ShutterClose1; ShutterClose2; ENDON
ON AM2301#Humidity>=60 DO Backlog ShutterOpen1; ShutterOpen2; ENDON

Rule2
ON AM2301#Humidity<=47 DO Backlog Power1 1; Power6 0 ENDON
ON AM2301#Humidity>=60 DO Backlog Power1 0; Power6 1 ENDON
```

규칙을 설정해놓아도 Rule2는 아직 활성화되지 않은 상태다. 따라서 Backlog Rule2 1; Rule2 5를 입력해 활성화시켜서 조건에 맞을 때 명령문 실행은 한 번만 하도록 한다. 또 Rule 설정은 최대 세 개(Rul1, Rule2, Rule3)까지만 할 수 있다는 점을 주의해야 한다.

DHT22를 두 개 이상 사용하면 AM2301이 아니라 AM2301-(온습도 센서가 연결된 핀 번호)로 변경된다. 이때는 다음과 같이 ON 다음의 조건문에서 AM2301이 아니라 AM2301-(온습도 센서가 연결된 핀 번호)를 사용해 명령문을 작성한다.

```
Rule1
ON AM2301-04#Humidity<=47 DO Backlog ShutterClose1; ShutterClose2;
ENDON
ON AM2301-04#Humidity>=60 DO Backlog ShutterOpen1; ShutterOpen2;
ENDON

Rule2
ON AM2301-12#Humidity<=47 DO Backlog Power1 1; Power6 0 ENDON
ON AM2301-12#Humidity>=60 DO Backlog Power1 0; Power6 1 ENDON
```

DHT22 두 개를 연결한 후 화면

AM2301-04 Temperature	20.3 °C
AM2301-04 Humidity	33.1 %
AM2301-04 Dew point	3.5 °C
AM2301-12 Temperature	null °C
AM2301-12 Humidity	null %
AM2301-12 Dew point	null °C

- 4번 핀에 연결된 온도 센서는 AM2301-04 Temperature
- 12번 핀에 연결된 온도 센서는 AM2301-12 Temperature
- null은 센서가 ESP32 보드에 연결되지 않았거나 고장 난 경우

드디어 자동화가 된다. 온습도 센서와 릴레이 모듈만 있으면 설정 온도에 따라 측창의 좌우측 전동개폐기가 열리고 닫힌다. ESP32 보드에 8채널과 16채널 릴레이를 연결하고 관수펌프와 환풍 팬을 추가 연결해서 사용하니 원격으로 잘 작동한다.
4채널까지는 ESP32 보드와 릴레이 전원을 사용해도 잘 작동했다. 그런데 8채널 릴레이 보드부터는 ESP32 보드 자체의 전원이 부족했나 보다. 별도로 SMPS의 24V를 5V로 변환해주는 스텝다운 컨버터를 구입해 ESP32 보드의 전원이 아니라 스텝다운 컨버터의 5V 전원을 릴레이 보드 전원에 연결하고부터는 잘된다.
이렇게 스텝다운 컨버터의 5V를 ESP32 보드의 전원 입력 부분에 연결하자 USB 케이블이 없어도 ESP32 보드와 릴레이 보드 모두 작동시킬 수 있었다. ESP32에서 사용할 수 있는 3.3V와 5V 전원 핀이 부족해서 24V를 3.3V로 변환해주는 스텝다운 컨버터로 온습도 센서의 3.3V 전원과 연결하니 여러 개의 온습도 센서를 사용할 수 있었다. 이때 스텝다운 컨버터의 -GND 단자 중 하나는 반드시 ESP32 보드의 GND 핀에 꽂아야 한다. 각각 다른 전압의 전원을 사용할 때는 서로 다른 전원을 사용하는 기기들의 GND가 연결되어야 전압의 기준점이 같아지기 때문이다.
스마트팜을 만들면서 전기·전자에 관해 많이 배우고 있다. 자신감이 생기면서 스마트팜뿐만 아니라 직접 농기계도 만들어볼 수 있을 것만 같다.

따라하기 7 수온 센서 설정하기

수경재배를 할 때 물의 온도를 측정하기 위해 DS18B20이라는 수온 센서를 사용한다. DS18B20에서 스틸과 전선 케이블이 연결된 이음매 부분에 미리 실리콘이나 에폭시를 도포해주면 1년 이상 더 오래 사용할 수 있다.

센서의 전원을 연결할 때 +극은 +극끼리(3.3~5V), GND는 GND끼리 연결해야 한다. +극과 −극을 바꾸어 연결하면 순식간에 고장 날 수 있다. 선을 연결한 뒤 Tasmota에서 설정했는데도 센서의 측정값이 보이지 않는다면 Tasmota 메인화면의 Restart 버튼을 클릭해 다시 시작한다. 그래도 인식이 안 되면 점퍼케이블들이 잘 연결되어 있는지 체크한다.

DS18B20 수온 센서와 핀 연결 

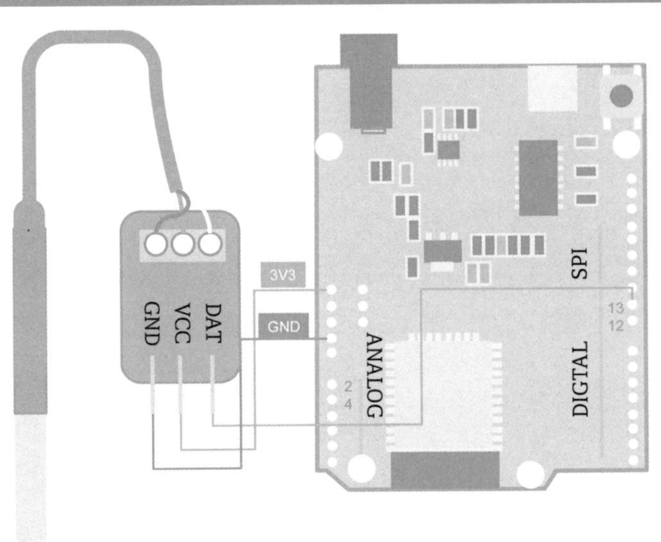

DS18B20	DS18B20 모듈	ESP32 보드	참고
빨간색 선	VCC	3.3V	3.0~5.5V 가능, ESP32는 3.3V
검은색 선	GND	GND	
노란색 선	DAT	IO13	포트는 원하는 곳에 사용 가능

수온 센서는 Tasmota의 Configuration를 클릭해 ESP32 보드의 핀을 설정하는 Configure Module 화면에 들어가 설정한다. 번호 드롭다운 메뉴를 클릭하면 4까지 있는데, DS18B20은 네 개까지만 사용할 수 있다. DS18B20을 설정하면 기존에 연결했던 DHT22 온습도 센서 값과 DS18B20의 물 온도 값이 표시된다.

DS18B20을 설정한 후 화면

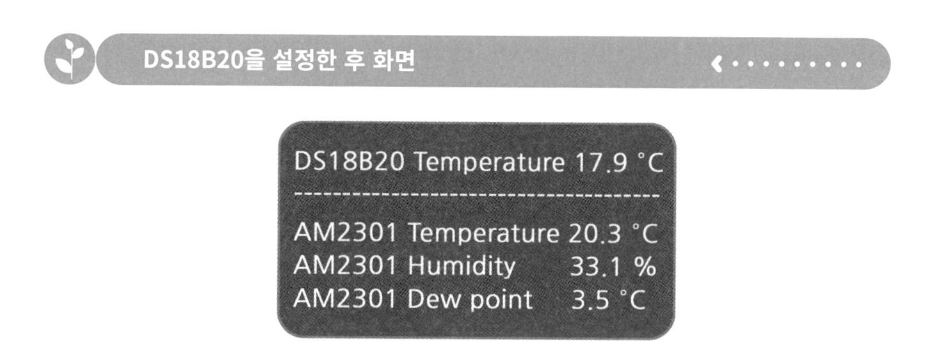

수온 센서를 조건에 따라 작동시키는 새로운 Rule을 설정한다. Configure Module에서 GPIO14에 7번 릴레이를 설정하고, 7번 릴레이가 섭씨 30도 이하에서는 꺼지고, 섭씨 50도 이상이면 켜지도록 하겠다.

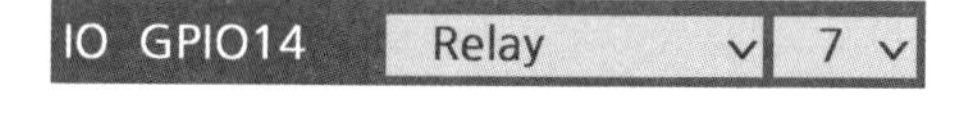


```
Rule3
ON DS18B20#Temperature>=50 DO Power7 1 ENDON
ON DS18B20#Temperature<=30 DO Power7 0 ENDON
```

Rule3을 활성화시키려면 Rule3 1을 입력하고 실행한다. 한 번만 작동시키고 싶다면 Backlog Rule3 1; Rule5 5를 입력하고 실행한다.

따라하기 8 타이머 기능 사용하기

사용자가 원하는 시간에 기기를 작동시킬 수도 있다. Tasmota에는 Timer(타이머) 기능이 있다. Tasmota는 기본적으로 NTPNetwork Time Protocol 서버로부터 시간 값을 가져오도록 되어 있다. Console 창에 명령어를 입력하거나 명령에 대한 결과를 보여줄 때 시간이 표시된다. 그러나 이 시간은 표준시로 설정되어 있어 한국 시간으로 바꾸어야 한다. Main Menu → Tools → Console 순으로 이동해 명령어 입력창에 Timezone +9:00라고 입력하고 엔터키를 누르면 한국 시간으로 표시된다.

타이머를 설정하는 방법을 구체적으로 알아보자. Main Menu → Configuration → Configure Module에 들어가 릴레이를 하나 더 추가해 GPIO12에 8번 릴레이를 설정한다. 그다음 Main Menu → Configuration → Configure Timer를 클릭해서 들어가면 타이머 설정 화면이 나온다.

Tasmota 타이머 설정 화면

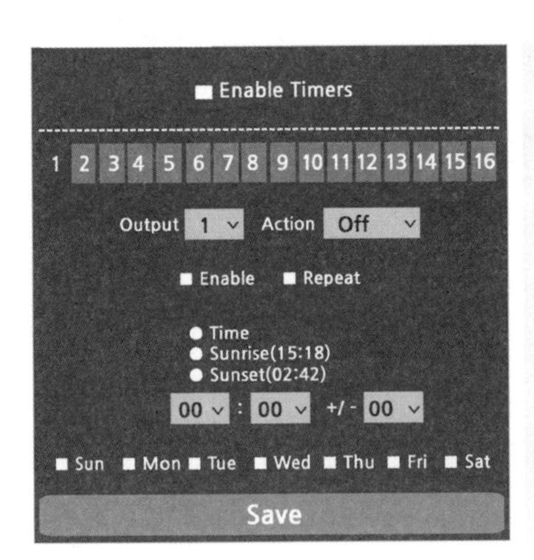

Enable Timers 타이머 사용 유무
번호1~16 타이머 설정 개수(슬롯)
Output 작동 장치 설정
Action 작동 명령
Enable 해당 번호 타이머 사용 유무
Repeat 매일 반복 유무
Time 설정 시간 작동
Sunrise 해뜨는 시간 작동
Sunset 해지는 시간 작동
요일 체크 시 해당 요일에만 작동

Tasmota에서는 타이머를 16개까지 설정할 수 있다. Output 옆 1이라고 쓰인 탭을 클릭하면 그동안 설정한 모든 장치 식별번호가 보인다. 타이머에서 설정한 시간이 되면 선택한 장치 식별번호에 연결된 릴레이가 작동하며, Action에 On · Off, Rule, Toggle을 적용할 수 있다.

화면 상단의 Enable Timers를 체크하면 타이머 기능이 활성화되고(체크를 해제하면 전체 타이머 기능 해제), 화면 중간에 있는 Enable로는 16개의 타이머 가운데 현재 설정된 타이머를 활성화시키거나 해제할 수 있다. Repeat는 매일 반복하거나 반복 해제할 수 있는 항목이고, 하단의 요일은 해당 요일만 작동시킬 수 있는 항목이다. 단 매주 해당 요일에 작동시키려면 Repeat도 체크해야 하며, 요일과 상관없이 매일 작동시키려면 모든 요일과 Repeat까지 체크해야 한다.

화면에서 숫자로 된 세 개의 드롭다운 메뉴 가운데 첫 번째 00은 시간, 두 번째 00은 분을 설정하는 창이고, +/- 옆의 00은 설정된 분 전후로 랜덤 작동한다. 만약 시간을 13:00으로 설정하고 +/-를 5로 하면 12:55~13:05분 사이에 타이머가 작동한다. Sunrise는 해가 뜨는 시간, Sunset은 해가 지는 시간이며, 사용자가 있는 곳의 위치 값을 별도로 설정해주어야 한다. 위치 값은 Main menu → Tools → Console로 들어가 명령어 입력창에 Latitude(위도 값) 입력 후 엔터키 클릭, Longitude(경도 값) 입력 후 엔터키를 클릭한다.

각각의 타이머는 한 가지 작동만 한다. 그래서 두 개의 타이머를 사용해 1번 타이머에는 기기가 켜지는 시간과 Action을 On으로 설정하고, 2번 타이머에는 기기가 꺼지는 시간과 Action을 Off로 설정한다. 제대로 설정됐다면 1번 타이머 설정 시간에는 기기가 켜지고, 2번 타이머 설정 시간에는 기기가 꺼진다.

위도와 경도를 설정하는 법

명령어
Latitude
Latitude 위도 값
입력문
Latitude 37.5666
37.5666을 위도로 설정
응답
stat/tasmota/RESULT={"Latitude":37.566601}
위도 37.566601로 설정되었음
명령어
Longitude
Longitude 경도 값
입력문
Longitude 126.9782
126.9782를 경도로 설정
응답
stat/tasmota/RESULT={"Longitude":126.978203}
경도 126.978203으로 설정되었음

■ 서울시청의 위치를 기준으로 한 예시

따라하기 9 농장 외부에서 제어 및 모니터링하기

지금까지 Tasmota에서 같은 공유기에 있는 노트북이나 PC, 스마트폰에서 접속해 설정하는 방법을 소개했다. 온실에 있는 Tasmota는 스마트폰으로 제어하고 싶어도 되지 않을 것이다. 앞에서 내부 네트워크로만 설정해놓았기 때문이다.

온실 외부에서 인터넷을 통해 Tasmota에 접속하려면 공유기 설정에서 포트포워딩port forwarding 설정을 해야 한다. 포트포워딩은 Tasmota가 접속한 내부 IP 주소를 통신사 모뎀에 부여된 공인 IP 주소를 통과해 접근할 수 있도록 하는 기능이다.

Wi-Fi 공유기에 연결되어 있는 장치나 스마트기기는 인터넷이 없어도 서로 연결되고 데이터를 주고받을 수 있다. 일반 공유기는 192.168.XXX.XXX라는 내부 주소를 Wi-Fi에 연결된 장치나 기기에 자동으로 할당하기 때문에 내부 IP 주소로 기기들을 식별할 수 있다. 그러나 인터넷에서는 내부 IP 주소를 인식

스마트팜을 구축하기 위한 네트워크 개념

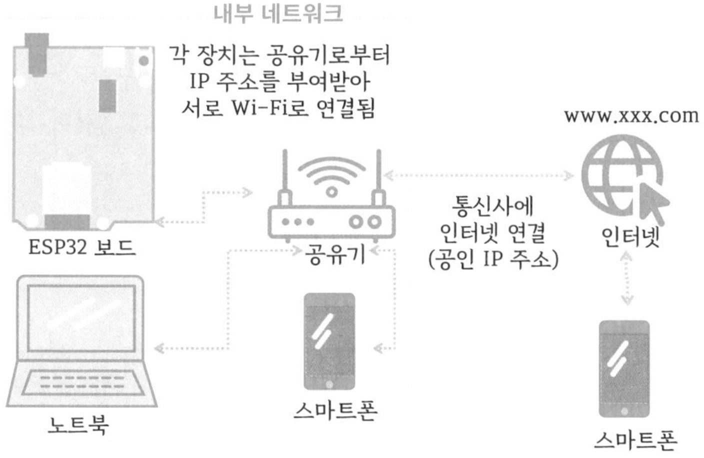

하고 식별할 수 없다. 따라서 통신사 모뎀에 부여된 공인 IP 주소를 통해 공유기에 접근하고, 공유기는 포트포워딩에 설정한 규칙에 따라 내부 IP 주소로 데이터를 전송한다. 다시 말해 포트포워딩을 통해 공인 IP 주소에서 내부 IP 주소로 왔다 갔다 하며 자동으로 변경되면서 값이나 명령을 전달한다. 초고속이라 아주 빠르게 주소를 변환할 수 있다.

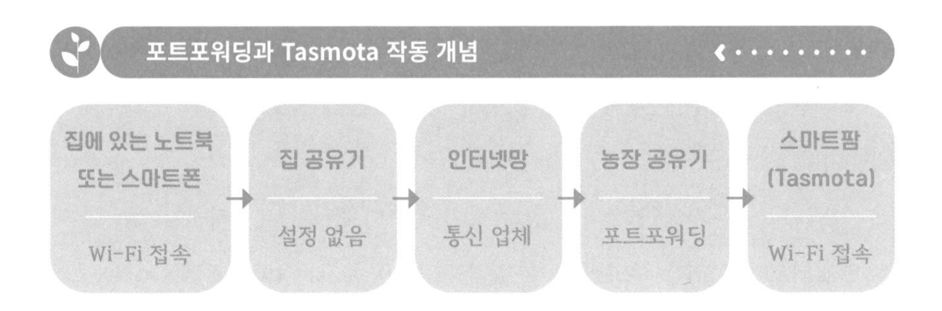

포트포워딩 설정은 공유기에서 할 수 있으며, 공유기 제품이 워낙 다양해서 포트포워딩 설정은 제품설명서나 인터넷에서 정보를 찾아봐야 한다. 여기서는 예시로 설정값만 설명하겠다.

포트포워딩의 프로토콜은 정확성과 신뢰성을 위해 TCP로 설정한다. 포트 번호는 0~65535까지 사용할 수 있으나, Tasmota의 화면은 웹 주소 방식으로 접속하기 때문에 HTTP(프로토콜)를 인식시켜주는 80 포트로 설정한다.

포트포워딩 설정값

프로토콜	외부 포트	포워딩 IP 주소	내부 포트
TCP	80:80	Tasmota가 접속한 내부 IP 주소(192.168.X.X)	80:80

■ Tasmota 접속 시 주소가 자동으로 변경될 수 있으므로 DHCP 설정에서 해당 IP를 고정으로 등록한다.

지금까지는 농장의 공유기에 접속해 내부 IP 주소를 통해 Tasmota에 들어갔다. 그런데 포트포워딩을 알고 난 뒤에는 집에서도 온실 Tasmota에 접속해 설정을 변경하고, 원격제어도 할 수 있게 되었다.

사실 통신이나 네트워크를 제대로 배워본 적이 없어 이해하기가 쉽지 않았다. 다행히 인터넷이나 유튜브에는 공유기 포트포워딩이나 DDNS 설정에 관한 자료가 워낙 많아서 하나씩 따라하다 보니 쉽게 설정할 수 있었다.

내가 이해한 포트포워딩은 이렇다. 공유기의 Wi-Fi에 접속한 기기들에는 여러 주소가 있다. 이 가운데 IP 하나를 포트포워딩이라는 방식으로 설정해두면, 공유기에 연결된 인터넷 주소(IP)를 전 세계 어디에서나 입력해도 포트포워딩된 기기로 연결해주는 중계기와 같다.

매번 네 개로 이루어진 IP 주소는 입력하기도 외우기도 어렵다. DDNS란 IP 주소 대신 일반 인터넷 도메인 주소를 입력해 사용하도록 만드는 것이다. DDNS는 내가 공유기에서 설정한 인터넷 도메인을 입력하면 인터넷에 연결된 공인 IP로 자동으로 변경해준다. 일부 공유기는 DDNS 기능이 없는 것도 있다고 하니 설치할 때 주의해야 한다.

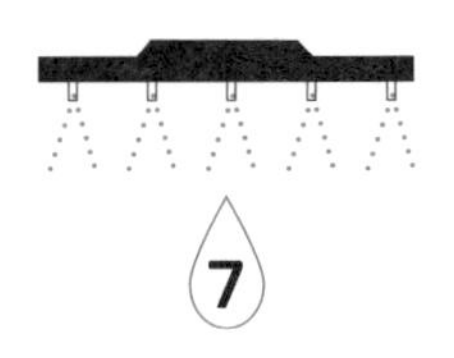

7
집에서 스마트팜처럼 수경재배 하기

요즘 가정용 스마트팜 제품이 많이 출시되고 있다. 그러자 집에서 수경재배에 도전하거나 야채를 인공 토양에서 재배하는 수요가 늘고 있다. 스마트기기를 활용해 재배 환경을 원격제어하거나 자동 제어하는 스마트 홈파밍에 대한 사람들의 관심도 꾸준히 늘고 있다.

스마트 홈파밍smart homefarming이란 IoT 장치를 조합해 식물 생장 LED 같은 인공 빛과 수경재배 방식으로 식물이나 작물을 집에서 키우는 농업의 한 종류다. 별도의 온실을 설치하지 않고 실내에서 수경재배 스마트팜 장치를 활용해 작물을 재배하기도 하고, 옥상이나 유휴 공간에서 재배하기도 한다.

2장에서 식물이 자라는 원리를 살펴보았다. 식물은 흙에서만 자란다고 아는 사람이 많다. 그런데 식물은 뿌리에 물만 공급되면 죽지 않고 살 수 있다. 줄기와 잎을 잘라서 물병에 넣어놓으면, 줄기에 있는 물관의 삼투압작용으로 물을 흡수해서 새로운 뿌리를 만들어낸다. 뿌리에서 흡수된 물은 줄기의 물관으로 이동해 식물의 각 부분에 공급된다. 잎에서는 이 물을 광합성작용과 증산작용을 통해 식물이 필요한 영양분으로 바꾼 뒤 체관을 통해 모든 부위에 전달한다. 또 물에는 비료가 들어 있다. 수돗물뿐만 아니라 지하수, 빗물에는 식물 생장에 필요한 질소, 인산, 칼륨 등 기본 원소와 여러 미량원소가 포함되어 있다. 그 덕분에 물과 물에 포함되어 있는 영양소만으로도 식물이 자랄 수 있다.

그럼에도 집이나 실내 공간에서 식물을 키우다가 실패하는 사람이 많다. 이런 곳에서 식물이 잘 자라지 못하는 이유는 부족한 햇빛과 원활하지 않은 공기 순환 때문이다. 햇빛을 잘 받지 못하거나 공기 순환이 잘 되지 않으면 내부가 너무 습하거나 건조해져 식물이 웃자라거나 잎이 마르기도 하고, 곰팡이 같은 균이 쉽게 발생한다.

밭에서는 비료를 주지 않아도 식물이 잘 자라는 편이다. 밖에서는 햇빛을 잘 받을 수 있으니 광합성작용이 활발하고, 일정한 바람이 불면서 공기가 순환되어 광합성에 필요한 이산화탄소를 흡수할 수 있기 때문이다. 미세한 바람은 식물에 필요한 습도를 유지해 식물의 성장을 촉진한다.

집에서 수경재배로 식물을 키울 때는 부족한 햇빛의 양부터 해결해야 한다. 가장 많이 사용하는 방법은 식물 생장 LED와 소형 팬을 설치해 공기가 계속 순환될 수 있도록 만들어주는 것이다. 너무 건조한 장소나 계절에는 적당한 습도를 유지하도록 가습기도 설치해야 한다.

식물 생장 LED를 켜거나 소형 팬과 가습기를 가동할 때 앞서 배운 ESP32 보드, 릴레이 모듈, Tasmota를 이용하면 스마트팜처럼 재배 환경을 제어할 수 있다. 집에서 수경재배를 할 때 가장 중요한 부분이 바로 뿌리에 공급되는 물과 산소다. 물속 산소가 부족하면 뿌리가 호흡을 하지 못해 뿌리의 발육과 전반적인 생장 상태가 좋지 않다.

물에 산소를 공급하는 방법에는 크게 두 가지가 있다. 첫째는 계속 물을 흐르게 해서 물 표면과 공기 중 산소를 접촉시키거나 뿌리의 일부에만 물을 주고 나머지 뿌리는 노출시켜 산소를 흡수하는 방법, 둘째는 수족관에서 산소를 공급하는 기포 발생기를 설치해 인위적으로 산소를 공급하는 방법이다.

시중에서 스마트 식물재배기를 구입해 사용할 수도 있다. 그러나 비싸고 크기가 작아서 키울 수 있는 작물의 수가 적다는 단점이 있다. 이 같은 단점을 보완한 식물재배기를 직접 만들어보는 방법을 알아보자.

스마트 홈파밍에 필요한 재료 준비하기

스마트 홈파밍을 시작할 때 가장 먼저 준비할 재료는 박스다. 박스는 식물의 뿌리를 고정하고 물과 양분을 공급해 흙속과 같은 환경을 만들어준다. 물을 사용하므로 방수가 되는 플라스틱이나 스티로폼 박스에 커다란 비닐봉투 등을 깔아 방수 기능을 강화한다.

플라스틱이나 스티로폼 박스는 사지 않아도 된다. 기존에 사용하던 플라스틱 박스나 택배용 스티로폼 박스를 이용해도 충분하다. 재활용품으로 식물을 키우면 자원을 재활용할 수 있고, 에너지를 덜 사용하게 되니 스마트 홈파밍을 하는 동시에 지구온난화 방지에 기여할 수 있다.

그다음 필요한 것은 물에 산소를 공급하는 것이다. 물론 공기 중 산소가 물의 표면과 접촉하면서 자연스레 액체에 산소가 녹아든다. 하지만 이것만으로 부족하다면 물에 산소를 공급할 수 있는 어항용 기포 발생기를 넣는다. 시중에서 어항용 기포 발생기를 구입할 때는 한 번에 많은 양을 재배할 수 있도록 기포 발생기의 산소 공급관이 두 개 이상이면서 되도록 소음이 적은 것을 고른다.

빛을 인공적으로 충분히 공급할 수 있는 식물 생장 LED도 준비한다. 보통 실내에서 창을 통해 들어오는 햇빛의 양은 식물을 키우기에는 부족하다. 식물 생장 LED는 단순한 조명이 아니라 식물 생장에 필요한 640~690나노미터(적색광), 400~470나노미터(청색광)의 파장을 만들어내는 조명이다. 단순히 적색과 청색만 보이는 조명이 아니라 해당 파장을 방출하는 LED를 구입해야 하며, 국가공인 시험성적서와 파장 측정값을 제공하는 제품인지를 확인한다. 식물 생장 LED도 제품의 수명이 정해져 있다. 따라서 비교적 수명이 긴 전등을 구입하고, 정해진 수명보다 빠르게 고장 나거나 파손되면 교환하기 편리한 제품을 고른다.

스마트 홈파밍을 하기 위해서는 온실처럼 공간의 공기 순환을 위해 유동팬 역할을 하는 조그만 팬(선풍기), 그리고 많이 건조할 때 습도를 유지해주는 가습기가 있으면 더욱 좋다. 공기를 순환시키기 위해 팬을 돌릴 때는 공기 순환 자체가 목적이므로 식물에게 바람을 직접 쐬는 것이 아니라 멀리서 또는 간접적으로 쐬도록 한다.

식물재배기 만들기

식물을 고정하고 물과 양분을 공급하기 위한 플라스틱이나 스티로폼 박스를 재배박스라고 한다. 재배박스는 물을 담아둘 수 있는 7~20센티미터 높이가 적당하고, 너무 크거나 높다면 적당한 크기와 높이로 잘라낸다.

그다음 작물을 고정해주는 모종판을 만들어야 한다. 재배박스 안에 들어가는 크기이면서 물에 떠야 하니 스티로폼 박스 뚜껑이나 스티로폼 판을 자른다. 그리고 모종 스펀지를 끼울 수 있도록 스티로폼 모종판에 구멍을 뚫는다. 모종판에 구멍을 뚫을 때는 모종 스펀지보다 조금 작은 크기로 잘라내야 스펀지가 잘 들어간다. 모종 스펀지 구멍의 간격은 나중에 작물이 자랄 것을 고려해 최

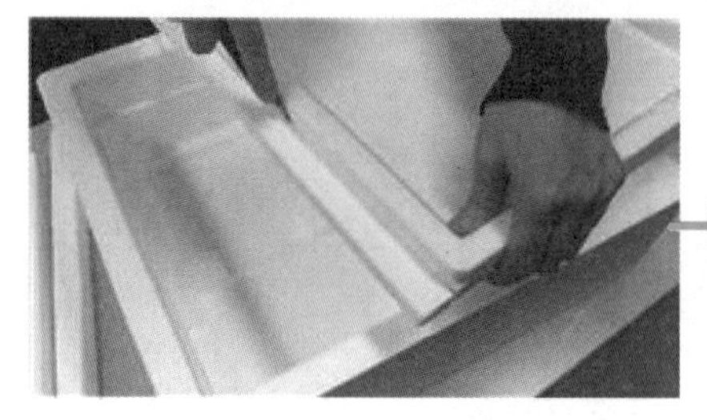
재배박스와 모종판 만들기

모종판에 모종 스펀지를 끼울 구멍 자르기

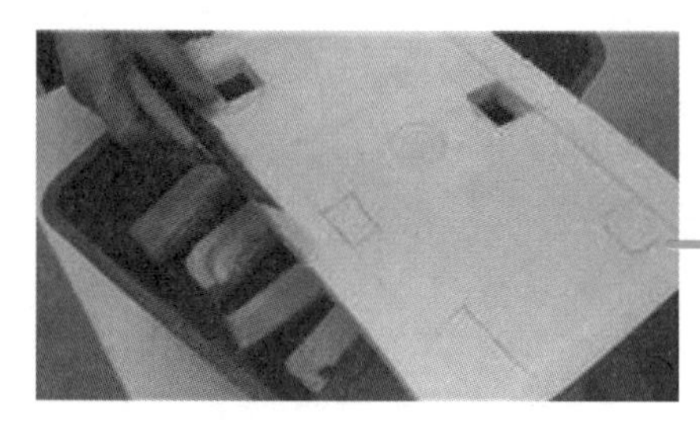
모종판에 모종 스펀지 구멍 뚫기

모종 스펀지 끼우기

소 좌우 10센티미터 이상 낸다.

참고로 재배박스를 좀 더 큰 스티로폼 박스 안에 넣어두면 햇빛이나 열로부터 보호할 수 있다. 잘 파손되지 않는 고밀도 스티로폼을 추천하며, 재배박스를 다 만든 후에는 물을 넣기 전에 재배박스 내부에 PE 재질의 비닐(김장용 비닐)을 깔아주면 방수도 되고, 오염물질도 막을 수 있다.

모종판에 상추 모종 끼우기

스마트 홈파밍을 처음 하는 사람에게는 재배 작물로 상추를 추천한다. 성장 속도가 빠르고, 여러 번 수확할 수 있기 때문이다. 상추 씨앗을 구입해 싹을 틔워 재배하는 게 제일 좋지만, 집에서 씨앗을 발아시키려면 햇빛이 부족해 웃자라기 쉽다. 모든 작물은 모종의 생육 상태가 성장하는 내내 영향을 주므로 씨앗보다는 모종을 구입하는 것을 권한다.

처음 구입한 상추 모종에는 뿌리에 흙이 붙어 있다. 먼저 상추 모종을 모종포트에서 분리해 흙을 털어준 다음 뿌리에 남아 있는 흙은 물에서 털어준다. 상추 모종을 포트에서 분리할 때 나무젓가락을 사용하면 흙을 털어내기 쉽다.

모종 스펀지는 모종을 끼우기 전에 물에 담가 충분히 물을 흡수한 상태에서 사용해야 한다. 모종 스펀지의 절개면을 찢어서 모종을 끼울 때는 모종 뿌리가 물과 잘 닿을 수 있도록 최대한 모종 스펀지 밖으로 빼내준다. 모종 스펀지의 내부는 십자 모양으로 절개되어 있는데, 십자 모양을 벌려서 모종을 넣는 것보다 한쪽을 찢어서 모종을 스펀지에 끼우고, 뿌리는 모종 스펀지 밖으로 나오도록 하면 쉽다. 그리고 모종 스펀지의 스펀지 부분이 물에 잘 닿을 수 있도록 모종판에 끼운다.

다음으로 재배박스에 물을 넣는다. 모종판을 이 재배박스의 물에 띄운 상태에서 재배하는 것이다. 재배박스에 채우는 물의 높이는 5~10센티미터가 적당하다. 기포 발생기에 연결할 튜브를 적당히 잘라 기포 발생기의 산소 배출구에 끼워주고, 튜브의 반대편은 재배박스의 물속으로 들어가도록 연결한다. 재배박스 안에 넣는 튜브에 기포를 많이 만들어내는, 일명 콩돌을 끼우면 산소를 더욱 효과적으로 공급할 수 있다. 또 튜브에 역류 방지기를 끼워서 기포 발생기가 꺼진 후 물이 역류해 기포 발생기를 고장 낼 수 있는 상황을 미리 방지한다.

상추 모종을 심는 과정

포트에서 상추 모종 분리 및 흙 털기

남은 흙은 물에서 씻은 다음
모종 스펀지에 끼우기

모종 스펀지에 있는 모종을
모종판에 끼우기

모종을 모종 스펀지에 끼운 상태

기포 발생기 연결하기

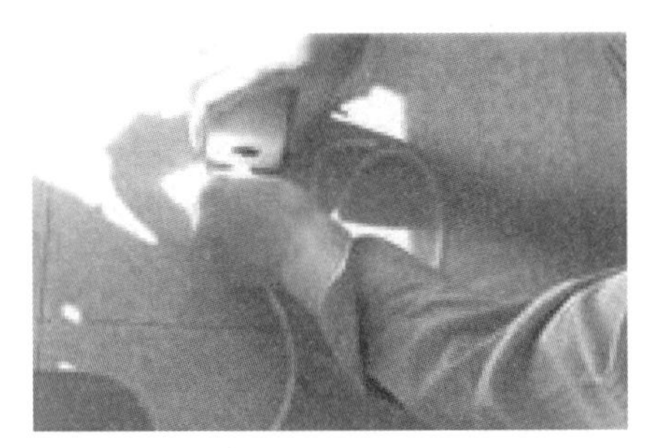

기포 발생기에 튜브 넣기

재배박스 내부에 튜브 넣기

식물 생장 LED 설치하기

식물 생장 LED는 작물로부터 20~30센티미터 거리를 두고 설치한다. 너무 가까우면 LED에서 발생하는 열에 의해 잎이 마르거나 탈 수 있으니 적정 거리를 유지해주는 게 중요하다. 작물의 광합성작용과 증산작용을 위해 일정 시간 켜준 후 일정 시간은 꺼지도록 해야 한다.

식물 생장 LED에서 작물에 적합한 파장이 나오고 있는지는 스마트폰 앱으로 확인할 수 있다. 앱으로 빛의 PPFD(광합성 광자속 밀도)를 측정해본다. PPFDPhotosynthetic Photon Flux Density란 식물이 광합성을 하기 위해 사용할 수 있는 빛의 양을 나타내는 단위다. 식물에 적합한 대부분의 파장을 제공해주는 풀 스펙트럼 LED를 사용하면 좋다.

LED를 고를 때는 눈이 덜 피로하고, LED를 켜놓아도 기존 실내 조명과 잘 맞는지, 너무 튀지는 않는지 살펴본다.

스마트 홈파밍 시스템 만들기

스마트 홈파밍을 제어하는 주요 장치는 네 가지다. 기포 발생기, 식물 생장 LED, 가습기, 소형선풍기로 켜고 끄는 작동만 하면 된다. 앞서 알아본 것처럼 4채널 릴레이 모듈과 ESP32 보드를 연결하여 각각의 릴레이가 작동하게 만든다.

먼저 기포 발생기 220볼트 2.5와트짜리 두개, 식물 생장 LED 220볼트 18와트짜리 두 개를 준비한다. 소형선풍기와 가습기도 각각 30와트 내의 소비전력이 낮은 제품을 연결한다고 가정하면, 일반적으로 시중에서 구입할 수 있는 멀티탭을 사용해도 된다.

스마트 홈파밍 장치 연결 다이어그램

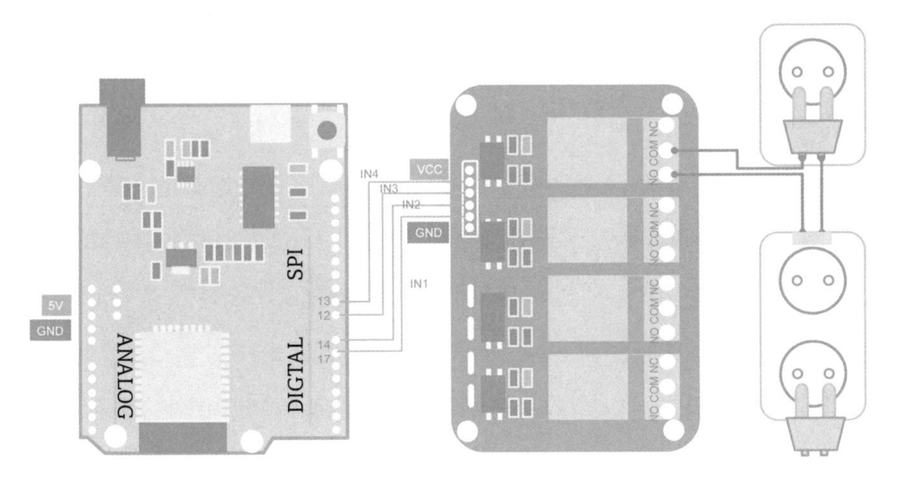

멀티탭의 플러그에 연결된 전선 가운데 하나를 잘라 다음과 같이 릴레이 모듈의 출력 COM 단자와 NO 단자에 연결한다. 아니면 노출 콘센트, 플러그, 전선을 따로 구입해 장치 연결 다이어그램과 같이 전선을 연결한 다음 릴레이 모듈의 COM 단자와 NO 단자에 연결한다.

5볼트 소형가습기나 소형선풍기는 USB 충전기와 연결한 다음 그 충전 어댑터를 릴레이와 연결된 멀티탭에 꽂아서 사용하는 방법이 가장 좋다. 누전과 화재 위험이 낮아서 집에서도 쓰기 좋기 때문이다.

그다음 기포 발생기, 식물 생장 LED, 가습기와 선풍기를 각각 제어할 수 있게 만든다. 릴레이 모듈에서 릴레이 출력의 COM 단자와 NO 단자에 각각의 멀티탭과 연결하고, Tasmota의 타이머 기능과 온습도 조건에 따라 장치가 작동되도록 설정한다.

가습기와 선풍기를 온도나 습도에 따라 작동시키려면 같은 멀티탭에 연결

릴레이 연결 방법

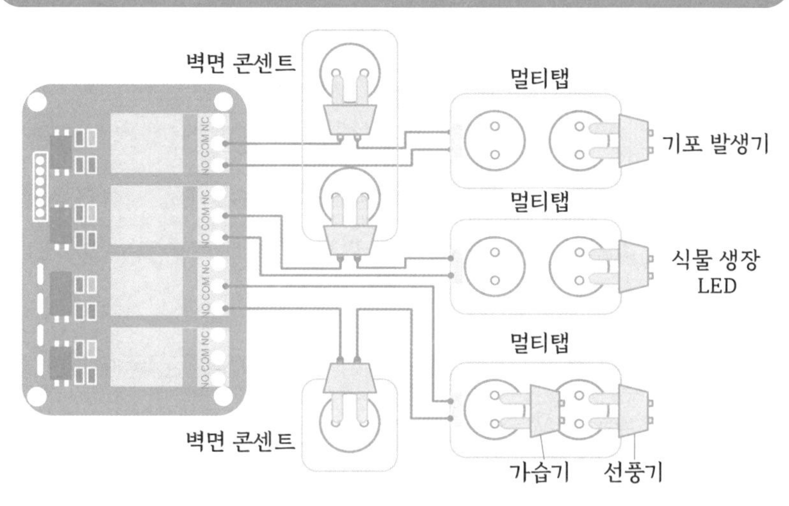

■ 1~4까지 각 릴레이의 허용전류는 10A지만, 기기의 소비전류 합은 약 5A까지만 권장한다.

릴레이 모듈과 DHT22의 핀과 선 연결 방법

구분	ESP32 보드	입력과 출력	입력과 출력		참고
릴레이 모듈	5V	VCC			릴레이 전원은 5V
	IO13	IN1	COM 단자	플러그의 한 선	멀티탭의 선을 릴레이의 출력단자에 연결할 때, 두 선이 붙지 않도록 전선 피복 속의 구리선을 릴레이 내부로 밀어넣고 조립한다.
			NO 단자	멀티탭의 한 선	
	IO12	IN2	COM 단자	플러그의 한 선	
			NO 단자	멀티탭의 한 선	
	IO14	IN3	COM 단자	멀티탭의 한 선	
			NO 단자	플러그의 한 선	
	GND	GND			
DHT 22	3.3V	+			DHT22 센서 작동을 위한 전원 공급
	GND	–			
	IO4	out			측정값을 전송하는 선

한다. 또 기포 발생기와 식물 생장 LED가 일정 시간(8~10시간) 동안 켜졌다가 나머지 시간은 꺼지게 하는 타이머 기능을 사용하려면 각각의 멀티탭에 연결한다.

스마트 홈파밍을 위한 Tasmota 설정하기

이제 Tasmota를 설정해보자. 기포 발생기와 연결된 멀티탭은 릴레이 1번, 식물 생장 LED와 연결된 멀티탭은 릴레이 2번, 가습기와 선풍기가 연결된 멀티탭은 릴레이 3번으로 설정한다. 온습도 센서 DHT22는 ESP32 보드에 4번으로 설정한다.

네 개의 장치를 잘 설정했다면 메인화면에 나오는 세 개의 Toggle 버튼과 상태 표시 화면이 모두 OFF로 되어 있다. 각 버튼을 눌러서 켜고 끄기를 원격으로 작동시킬 수 있다.

기포 발생기와 식물 생장 LED가 켜지는 시간과 꺼지는 시간을 설정하기 위해서 네 개의 타이머가 필요하다. 1~4번 슬롯에 타이머를 설정한다.

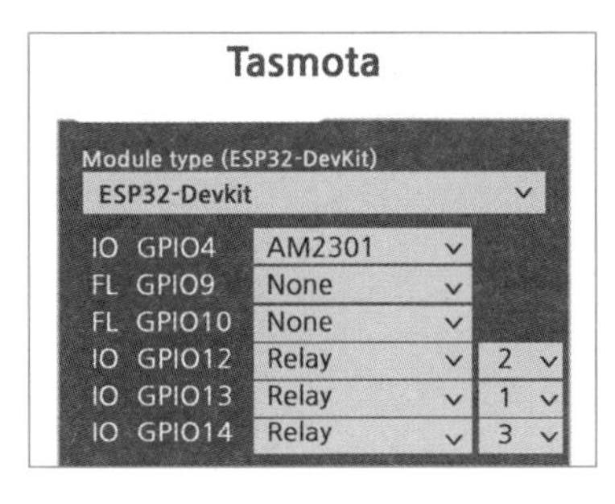

Configure module 설정

설정 후 메인화면

첫째 1번 타이머 설정 슬롯에 기포 발생기와 연결된 릴레이가 작동하도록 설정한다. 장치 식별번호 1(ESP32 보드의 13번 포트와 연결)에 아침 8시에 켜지도록(Action On) 시간을 설정하고, 매일 반복하기 위해 모든 요일과 Repeat에 체크한다.

Tasmota 타이머 설정하기

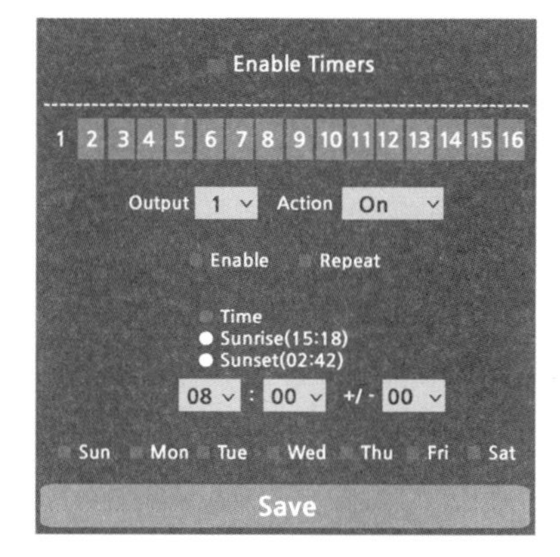

1번 슬롯에 1번 릴레이
8시에 On 설정

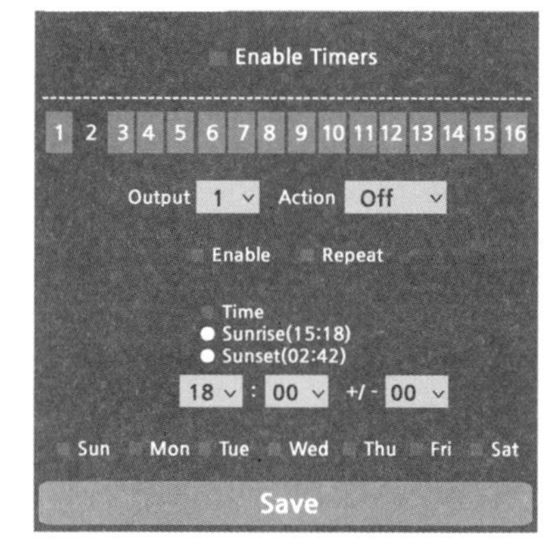

2번 슬롯에 1번 릴레이
18시에 Off 설정

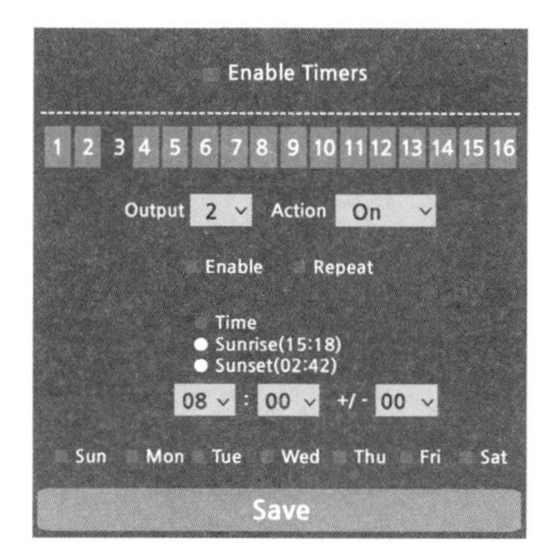

3번 슬롯에 2번 릴레이
8시에 On 설정

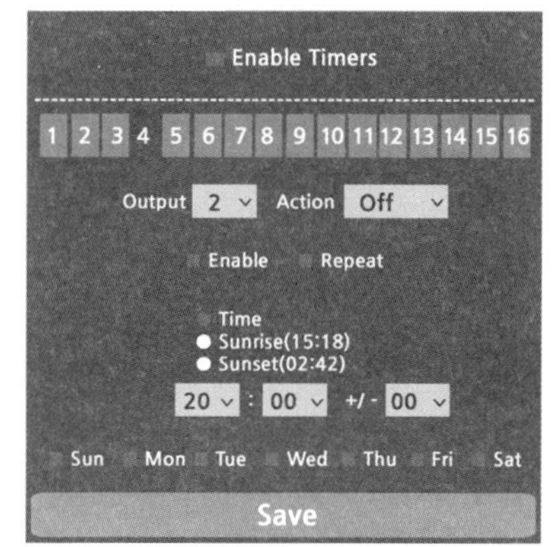

4번 슬롯에 2번 릴레이
20시에 Off 설정

둘째 2번 타이머 설정 슬롯에 기포 발생기와 연결된 릴레이가 작동하도록 장치 식별번호 1에 저녁 18시에 꺼지도록(Action Off) 시간을 설정하고, 매일 반복하기 위해 모든 요일과 Repeat에 체크한다.

셋째 3번 타이머 설정 슬롯에 식물 생장 LED와 연결된 릴레이가 작동하도록 설정한다. 장치 식별번호 2(ESP32 보드의 12번 포트와 연결)에 아침 8시에 켜지도록 시간을 설정하고, 매일 반복하기 위해 모든 요일과 Repeat에 체크한다.

넷째 4번 타이머 설정 슬롯에 식물 생장 LED와 연결된 릴레이가 작동하도록 설정한다. 장치 식별번호 2에 저녁 20시에 꺼지도록 시간을 설정하고, 매일 반복하기 위해 모든 요일과 Repeat에 체크한다.

모든 타이머 설정을 완료하면 기포 발생기는 아침 8시에 작동해서 저녁 18시에 꺼지고, 식물 생장 LED는 아침 8시에 작동해서 저녁 20시에 꺼진다.

실내에서 인간이 쾌적하게 활동할 수 있는 습도는 50퍼센트 정도라고 한다. 작물에 따라 다르지만, 식물 생육에 알맞은 습도는 50~80퍼센트 정도다. 아래와 같이 설정해두면 상대습도가 50퍼센트 이하가 되면 가습기가 켜지면서 습도가 증가하다가 습도 70퍼센트가 되면 가습기가 꺼진다.

습도 조건에 따라 릴레이 작동 Rule 설정하기

습도 조건	Rule 설정
50% 이하 장치 식별번호 3 ON 70% 이상 장치 식별번호 3 OFF	Rule1 ON AM2301#Humidity<=50 DO Power3 1 ENDON ON AM2301#Humidity>=70 DO Power3 0 ENDON

가습기가 꺼져도 실내 공간의 규모와 가습기의 성능에 따라 공기 중 습도가 계속 증가할 것이다. 따라서 습도 값은 자연적으로 증가하는 습도량을 고려해 미리 가습기가 꺼지도록 설정한다.

4장

스마트팜의 미래와 진로

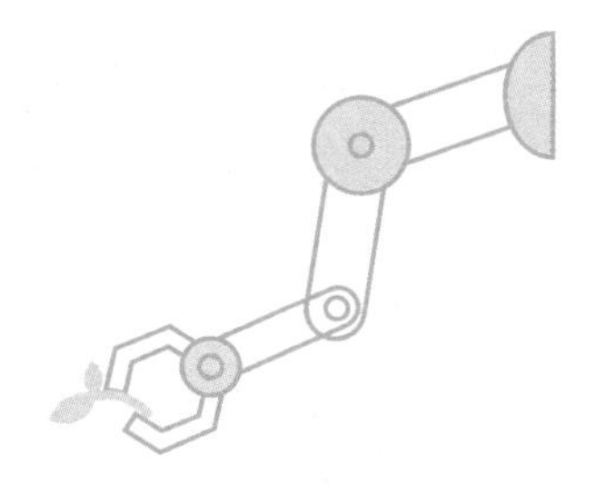

얼마 전 초보 농부에게 연락이 왔다. 내가 가르쳐준 대로 스마트팜을 만들어보았다고 한다. 초보 농부는 직접 느낀 스마트팜의 장점에 관해 이야기해주었다. 단동 비닐하우스에 원격으로 작동하는 장치를 설치하고, 온도와 시간에 따라 개폐기가 자동으로 작동되도록 운영해보니 작물 관리가 훨씬 쉬워졌다. 아직 최고 성능을 갖춘 스마트팜은 아니지만, 필요할 때마다 장치와 시설을 추가할 수 있고, 문제가 생기면 직접 수리할 수 있다는 게 가장 큰 장점이다. 더불어 수경재배기를 만들어서 토마토와 상추도 키워보았다고 한다. 수경재배에도 자신감이 생긴 덕분에 수경재배를 할 수 있는 온실을 설치해보고 싶다는 말을 덧붙였다.

물론 단점도 있다고 했다. MCU(ESP32) 보드만 가지고 복합적인 환경을 제어하는 데 한계가 있다. 이를테면 온실의 측창과 천창을 다 개방하고 차광스크린을 닫아도 여전히 온실 온도가 높다. 결국 온실의 기본 성능이 좋아야 스마트팜 시스템도 효율적으로 작동한다는 사실을 깨달았다고 한다.

초보 농부가 말해준 대로 스마트팜에는 여러 장점과 단점이 있으나, 기후 변화가 심화되고 농촌 인구는 물론 전체 인구도 계속 줄어들고 있는 현재, 스마트팜이 미래 농업의 훌륭한 대안으로 떠오르고 있다. 경제성과 장래성 면에서도 청소년부터 전공자, 농부와 은퇴 후 귀농·귀촌을 꿈꾸는 사람들에게까지 관심과 주목을 받고 있다. 그렇다고 스마트팜이 장밋빛 미래를 보장해주지는 않는다. 명확한 목적과 철저한 계획 없이 무작정 도전했다가는 실패할 수밖에 없다. 스마트팜에 관해 확실히 이해하고 끊임없이 공부해야 한다.

스마트팜은 종합 학문이다. 농학 및 원예, 조경계열 학과에서 식물 생장 및 생리와 온실 관리, 전기·전자와 정보통신계열 학과에서 전기 및 전자공학, 제어계측공학, 전기·전자의 기초, IoT 제어, 정보통신 과목을 배운다. 또 컴퓨터공학이나 소프트웨어 관련 학과의 프로그래밍 및 데이터, 인공지능 등도 습득해야 한다.

그렇다고 이 모든 내용을 전문적으로 배우는 건 쉽지 않다. 스마트팜 전문가가 되고 싶다면 자신의 관심 분야에 맞는 분야를 배우면서 그 밖의 분야는 스스로 공부하는 게 좋다. 수경재배나 조직배양에 관심 있다면 농학 관련 학문을 중심으로, 스마트팜 개발 및 시설 설치에 관심 있다면 전기·전자, 정보통신을 중심으로 배운다. 데이터와 로봇에 관심 있다면 데이터나 인공지능, 로봇과 관련된 학문을 중심으로 배우는 것이 좋다.

4장에서는 스마트팜 분야별 전문가에게 필요한 지식과 적성, 역할에 관해 알아보겠다. 또 스마트팜 관련 분야를 공부하고 싶은 청소년, 스마트팜 관련 직업을 가지고 싶은 전공자나 일반인들의 진로 선택에 관해 방향을 제시한다.

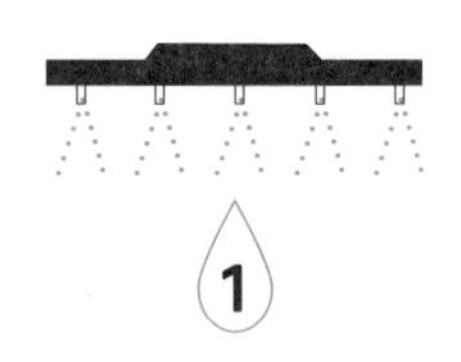

1

스마트팜 분야별 전문가와 역할

스마트팜은 온실을 전기·전자장치나 프로그램에 의해 원격 또는 자동으로 작동하도록 만든 시스템이다. 당연히 전기·전자의 기본 원리를 알아야 하고, 식물과 온실 재배에 관해 잘 이해하고 있어야 한다.

스마트팜을 만들 때는 먼저 구동기기의 배치에 따라 설계도와 배선도를 작성한다. 이때 온실 설치 업체나 전기, 설비, 스마트팜 설치 팀 등이 각자 자기 분야만 작업하기 때문에 협업이 이루어지지 않으면 문제가 생긴다. 작업자들 사이에 마찰이나 갈등이 일어나기도 하고, 작업 순서가 뒤엉켜서 작업 공간 안에 온갖 자재와 장비들이 섞이면 효율성이 떨어지기도 한다. 여러 공정을 동시에 진행하거나 마감에 맞추겠다고 무조건 빨리 진행하면 부실하거나 미흡한 부분이 발생한다. 이런 상황이 겹치면 스마트팜 운영자가 목표로 한 온실 성능을 제대로 구현할 수 없다.

온실 설치 업체나 설치 팀은 대체로 자신들이 해오던 방식으로 온실의 구조를 결정하고 구동기기를 배치한다. 실제 온실 안 공기의 흐름, 온도와 습도 유지, 공기 배출, 풍압 같은 공학적 계산은 잘 하지 않는다. 그래서 스마트팜 전문가가 필요하다.

스마트팜 전문가는 스마트팜에 관해 전문 지식과 기술을 갖추어야 한다. 온실의 구조와 기능, 역학적 분석은 물론 식물의 생장과 작물 재배법, 전기·전자제어, IoT 및 통신, 데이터와 인공지능에 관한 지식과 기술을 갖추고, 주된 역할에 따라 보다 전문화된 지식을 습득해 분야별 전문가가 된다.

스마트팜 작물 재배 및 관리 전문가

스마트팜 작물 재배 및 관리 전문가는 작물의 관리와 생산을 주로 하는 사람이다. 좀 더 자세히 말하면 식물의 생장과 생리, 작물 재배법, 작물 관리와 생산, 유통과 마케팅을 중심으로 스마트팜을 운용할 수 있는 전문가다. 따라서 온실의 기본적인 작동 원리와 특성, 기본적인 전기·전자 지식, 스마트팜의 작동 메커니즘을 이해하고 있어야 한다. 스마트팜 개발, 설치와 시설에 대한 깊은 지식보다는 기본적인 스마트팜 시스템을 이해하면 된다.

이들은 온실이나 작물이 자라는 공간의 온습도, 광합성, 공기의 유동 같은 작물의 생장 원리 요소를 명확하게 이해하고 조절할 수 있는 관리 방법을 안다. 또 작물의 생장과 생산을 돕는 비료의 화학적 특성과 작물의 흡수, 효소와 호르몬의 작동 원리도 깊이 이해한다.

다양한 재배 방법과 재배 기술을 얼마나 잘 사용하는지도 중요하다. 수경재배, 조직배양 같은 지식을 바탕으로 더 효율적이고 생산성을 높일 수 있는 재배 방법을 개발한다. 농작물의 양과 질의 향상, 해충과 질병 억제를 위한 다양한 재배 기술을 활용할 수 있어야 한다.

어떤 작물의 생산성이 아무리 높다고 해도 판매할 수 없다면 아무 소용없다. 스마트팜 운영에서 가장 중요한 목적은 수익이기 때문이다. 직거래, 식자재 공급, 계약 재배 등 자신만의 유통 채널을 개발하고 확대하는 일, 스마트팜에서 자란 농산물의 장점을 부각시키는 마케팅을 추진할 수 있는 능력이 필요하다.

스마트팜 설치 및 시설 전문가

스마트팜을 구축하고 그 안에 관련 시설을 설치하는 목적은 작물을 잘 키우기 위해서다. 스마트팜 설치 및 시설 전문가는 무엇보다 작물의 기본적인 생장 원리를 이해해야 한다. 그리고 스마트팜을 만들기 위해 온실의 구조와 역학 지식을 바탕으로 온실의 시공 도면을 파악하고, 시공 도면에 맞춰 스스로 배선도를 그려서 Wi-Fi 통신망을 구축하며, 센서의 위치를 결정해 설치할 수 있다. 더불어 구동기기와 스마트팜 시스템의 전선을 연결하는 시공도 할 수 있다.

스마트팜 설치 및 시설 전문가는 스마트팜 운영을 원하는 소비자나 업체와 계약하고 온실을 직접 시공하거나 온실 시공 업체에 위탁해 온실을 설치한다. 그리고 스마트팜답게 운용할 수 있도록 온실 내부의 모든 시설과 장치를 스마트팜 시스템과 연결한다. 이를 위해 스마트팜 설치 및 시설 전문가는 여러 가지 기술적 능력을 갖추어야 한다.

비닐하우스·유리온실·축사·건물 등 작물 재배 공간이나 시설의 구조와 역학 이해, 전기·전자 원리 및 회로를 설계하고 설치하는 능력, 정보통신 시설 설치와 네트워크 구축 능력, 스마트팜에서 작동되는 모든 구동기기의 원리에 관해 이해하고 부품을 수리할 줄 아는 능력이 필요하다. 스마트팜 시스템을 개발하고 제작하는 능력, 프로그래밍 기술 능력도 있어야 한다.

이 밖에도 스마트팜 설치 및 시설 전문가는 스마트팜 설치 과정에서 고객과 얼마나 원활하게 소통할 수 있는지가 중요하다. 설치가 완료되면 고객에게 사용 매뉴얼을 전달하고 시설 작동법, 수리 방법 등을 교육해주어야 한다. 예를 들어 온실의 온도가 갑자기 높아지거나 겨울철에 난방이 갑자기 중지되는 등 응급 상황이 발생할 경우 대처법을 알려준다. 갑자기 스마트팜 시스템이 작동되지 않을 때가 있는데, 이럴 때 고객은 작물이 죽지 않을까 걱정되어 격앙되거나 흥분할 수 있으니 고객 응대 능력이 중요하다. 고객을 진정시킨 다음 매뉴얼에 따라 고객과 함께 점검하면서 문제의 원인을 찾아야 한다.

또 스마트팜을 설치하는 과정에서 전기 가설 업체, 온실 설치 업체, 통신사 설치 업체, 배관 업체 등과의 의견 조율, 분쟁 관리, 전반적인 시공 일정 관리, 부문별 업체의 부실 시공이나 설치 오류 같은 문제점 파악, 추후 발생하는 문제들을 고객 대신 해결할 수 있는 능력도 필요하다.

스마트팜 시스템 대부분은 다양한 모듈과 부품을 조합해 구축하는 맞춤형이다. 이 시스템을 스마트팜 설치 및 시설 전문가가 직접 개발하고 개선하며, 프로그래밍할 수 있어야 예기치 못한 상황에 대처할 수 있다.

스마트팜 빅데이터 및 인공지능 전문가

스마트팜에 온습도, 풍향과 풍속 등을 측정하는 센서가 설치되어 있으면, 그 측정값을 데이터로 저장할 수 있다고 했다. 각종 구동기기의 작동 상태도 그렇다. 결국 스마트팜을 운영하면서 생성된 모든 데이터는 저장할 수 있다는 말이다. 이 데이터의 양이 많아지면 빅데이터가 된다. 스마트팜 시스템을 제작, 설치하는 업체에 따라 데이터를 저장하는 방식이 다르다. 데이터가 시스템 내부에 저장되는 시스템이 있고, 애초에 저장 기능이 없는 시스템이 있으며, 회사나 외부 서버(클라우드 방식)에 데이터가 저장되도록 프로그래밍된 시스템이 있다.

스마트팜을 운영하면서 생성된, 작물 생육과 관련된 빅데이터는 모든 것이 기록되는 자동차의 블랙박스와 같다. 이런 빅데이터를 분석하면 작물의 생육에 영향을 미치는 요소와 조건을 파악할 수 있고, 일종의 작물 생육 레시피가 된다. 빅데이터를 기반으로 스마트팜 온실 속 장치들의 작동을 조절하는 설정을 자동으로 변경할 수도 있다.

스마트팜에서 빅데이터 전문가란 빅데이터를 분석해 작물 생육에 영향을 미치는 환경 값 또는 변수를 찾아내고, 이를 예측하는 사람이다. 그리고 변수와 예측값을 스마트팜 시스템 작동에 반영할 수 있도록 프로그램을 수정한다. 이를 활용해 지능형 스마트팜처럼 시스템이 알아서 작동할 수 있도록 프로그래밍하는 사람이 인공지능 전문가다. 스마트팜 설치 및 시설 전문가는 온실의 모든 장치가 사용자가 설정한 조건에 따라 원활하게 작동하도록 한다. 반면 스마트팜 빅데이터 및 인공지능 전문가는 스마트팜 시스템이 스스로 판단해 작동시키는 알고리즘을 개발해 프로그램에 반영한다.

스마트팜 빅데이터 및 인공지능 전문가는 스마트팜 업체에 소속되어 자체 시스템 개발을 위해 일할 수 있다. 이미 설치된 스마트팜의 빅데이터를 분석하고 관련 정보를 사용자에게 제공하거나, 기존에 설치된 프로그램을 수정해 지능형 스마트팜 시스템으로 바꾸는 업무를 수행한다. 여러 스마트팜의 빅데이터를 취합하고 분석해 작물 생육에 최적화된 설정값(생육 레시피)을 컨설팅해주기도 한다. 관련 데이터와 알고리즘을 개발해 관련 소프트웨어를 판매한다든지, 인공지능에 스마트팜 시스템을 접속해 지능형 스마트팜처럼 작동되도록 구축해주고 사용료를 받는 사업을 할 수도 있다.

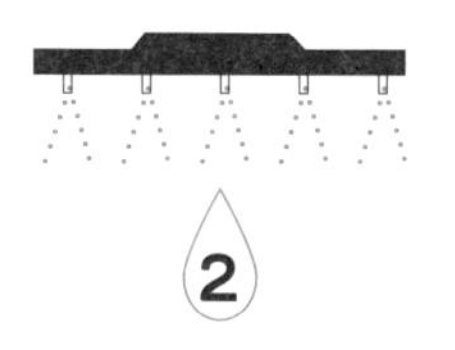

2

스마트팜을 잘 운영하는 법

시대가 빠르게 변화하면서 농업에 관한 청년들의 가치관도 많이 바뀌고 있다. 청년들은 드론과 원격 조정 농기계로 편리하고 효율적으로 작물을 재배하는 것에 관심이 많다. 농업을 직업으로 선택하는 청년도 상당히 늘어났다. 이에 발맞춰 몇 년 전부터 청년 농부와 스마트팜을 지원하는 정부 정책이 다양해졌다. 지원 정책의 목적은 청년들이 자기 땅이 없어도 농촌에 정착해 스마트팜을 시작하거나 농사를 짓도록 함으로써 청년들의 귀농·귀촌을 돕는 것이다.

귀농·귀촌을 마음먹기 전에 꼭 생각해봐야 할 중요한 점이 있다. 단순히 번잡한 도시 생활과 직장 생활이 싫어져 농사를 짓겠다는 마음이라면 당장 포기하는 것이 좋다. 귀농이든 귀촌이든 스마트팜이든 간에 일을 안 할 수 없고, 더욱이 생계와 직결된 부분이기 때문에 더 힘들 수도 있다. 특히 작물 재배는 아무리 스마트팜이라도 노동력과 시간을 들여야 하며, 작물을 수확하기까지는 상당한 기다림이 필요하다. 자칫 병충해가 발생하면 한 해 농사를 망칠 수도 있으니 꾸준히 지켜봐야 한다. 혹여라도 재배하는 작물이 과잉생산되면 그 작물의 가격이 낮아져 처음 생각보다 소득이 줄어들 수 있다. 즉 귀농·귀촌, 스마트팜에 도전하기 전에 모든 위험성을 충분히 고려해야 한다.

국가에서 지원하는 스마트팜 정책자금을 받을 때도 신중해야 한다. 정책자금은 공짜가 아니다. 언젠가는 원금을 상환해야 하며, 임대형 스마트팜은 평생 임대가 아니다. 긴 시간을 내다보고 정책자금과 보조금 운용 계획, 상환 계획을 세운 다음에 정책자금이나 보조금을 지원 받을 것인지 결정해도 늦지 않다.

청년 농부로서 스마트팜을 운영하고 싶은 사람은 최소한 다음 사항은 알고 도전하는 것이 실수와 실패를 줄이는 길이다.

투자비를 회수할 수 있어야 한다

계속 말하지만 스마트팜은 작물을 재배하는 데 편리성은 높이고, 노동강도와 노동력은 줄이는 일종의 도구다. 누가 어떻게 운영하는지에 따라 달라진다는 말이다. 스마트팜 장치의 활용도를 높일수록 작물의 생산성과 소득도 높아진다.

스마트팜을 운영하고 싶은 사람은 스마트팜을 하는 목적은 물론이고, 스마트팜을 통해 어느 단계까지 스마트하게 작물 재배를 할 것인지 그 단계를 분명하게 설정해야 한다. 동시에 투자 대비 경제성이 어느 정도인지, 중장기 투자에 따른 소득은 어느 정도인지, 이후 스마트팜 확장은 어떻게 할지까지 계획해야 한다.

한 청년 농부가 시설 상추 농장을 계획했다고 하자. 상추를 1,000제곱미터당 1년에 한 번 약 3톤 정도 수확하고, 도매로 킬로그램당 3,400원에 판매했다고 가정하면 매출액은 약 1,020만 원이다. 상추 재배 기간은 보통 45~70일 정도다. 1년에 네 번 수확하는 방식을 선택하면 매출액은 약 4,080만 원까지 나올 수 있다. 단순히 매출액만 봤을 때 그렇다. 매출액에서 지출 비용을 제외한 순소득이 진짜 소득이다.

상추 모종, 비료, 냉난방비, 포장 박스, 시설 유지 보수 비용을 매출액의 30퍼센트로 잡으면 연간 1,200만 원 정도가 나간다. 여기에 상추를 수확하고 포장하는 인건비가 한 번에 한 명당 180만 원일 때, 네 번이면 연간 720만 원가량 지출된다. 농지 임대비가 나가지 않는 본인 토지라고 가정할 경우 각종 비용과 인건비를 제외하면 약 2,160만 원이 남는다. 청년 농부의 인건비도 산정해야 한다. 약 60일(480시간) 노동에 최저임금 적용 시 약 480만 원이 든다. 마지막으로 공과금과 기타 비용 120만 원을 제외하면 순소득은 1,560만 원이다.

초기에 스마트팜을 구축하기 위해 3,000만 원을 투자했다면 최소 2년 후에나 투자비를 회수할 수 있다. 결국 3년차부터 버는 돈이 진짜 소득이다. 따라서 초기 투자비는 2년간 소득과 생활비(월 200만 원 가정)를 고려해 약 5,000만 원의 생활비와 3,000만 원의 시설 투자비를 합쳐 8,000만 원이 든다. 보통 스마트팜은 5년 정도 운영하면 시설에 재투자해야 하고, 대수선이 필요하다. 초기 시설 투자비의 절반 정도는 5년차에 재투자되어야 하므로 스마트팜의 수익이 극대화되는 최종 시기는 통상 7~10년차부터다. 그래서 7년 정도의 투자비, 운영비, 생활비 등을 종합적으로 고려한 중장기 계획을 세워야 한다.

농림축산식품부에서는 '청년농업인 영농정착지원사업'을 시행하고 있다. 이 사업에 선정되면 최장 3년간 월 110만 원의 영농 정착 지원금과 농지 구입 또는 시설 투자를 위한 비용을 저금리로 대출받을 수 있다. 그리고 온실 설치와 스마트팜 도입에 따른 보조 지원 사업을 통해 온실의 경우 40퍼센트까지 지원받을 수 있다. 이처럼 다양한 정부 정책 지원 사업을 적절히 활용하면 초기 투자금을 낮출 수는 있다.

이런 예는 이상적인 조건을 적용한 경우다. 투자비를 낮추고 소득을 높이는 여러 방안을 다양하게 생각해봐야 한다. 상추를 여러 층으로 수경재배하는 다층식 재배를 적용하면 동일한 운영비에서 생산량을 높일 수 있다. 고추냉이처럼 고소득 작물을 재배하면 동일 생산량 대비 매출액을 올릴 수 있다. 스마트팜 시설의 활용도를 높여 인건비와 운영비를 더 절약하면 순소득이 올라갈 것이다. 이를 위해 스마트팜 기술과 장비를 꾸준히 공부하여 자가 구축, 자가 수리 역량을 강화한다.

스마트팜을 통해 구현하고 싶은 기술을 자세히 알고 싶다면 본인이 하고 싶은 농장과 유사한 농장을 방문하거나 기술적으로 어떤 한계가 있는지 등의 정보를 수집한다. 이 정보들을 가지고 스스로 판단해야 한다. 임대형 스마트팜을 임대받거나 스마트팜 농장에서 일할 기회가 있다면 경험한 후에 스마트팜을 운영해도 늦지 않다. 어떤 작물을 선택할지, 그 작물을 스마트팜에서 어떻게 재배해야 잘 키울 수 있는지 직접 알아보라는 것이다. 우선 조그맣게 실험 농장을 운영해본 이후에 본격적인 스마트팜을 도입하는 것도 좋은 방법이다.

스마트팜은 투자비만 있으면 누구나 할 수 있다. 그렇다고 몇 억 정도를 투자한다는 것은 결코 쉽지 않은 결정이며, 실패했다고 해서 누가 그 사정을 들어주지 않는다. 스마트팜은 실패하면 그냥 고철덩어리에 불과하다. 그러나 새로운 작물과 새로운 작물 재배 기법을 스스로 연구하고, 스마트팜 시스템도 스스로 만들거나 기존의 제품을 정비하고 수리할 수 있다면 스마트팜은 최고의 선택이다. 생산량과 소득을 올려주는 아주 훌륭한 도구가 될 수 있다.

스마트팜을 도입하면서 얻은 여유 시간은 새로운 작물을 연구하고, 생산한 작물을 팔기 위한 마케팅과 공급처를 확대하는 데 투자한다. 더불어 스마트팜의 성능을 개선하기 위한 시간으로 활용한다면 고소득을 올릴 수 있다.

작물과 대화하고 데이터와 친해져라

김 박사도 처음에는 집에서 화분 하나 기르는 것조차 잘하지 못했다. 농업을 전공한 것도 아니라서 스마트팜 시스템을 개발하고 작물을 재배하는 과정에서 많은 어려움을 겪었다. 김 박사는 작물을 재배하면서 꼼꼼하게 데이터를 쌓았고, 이 데이터를 통해 작물이 생장하는 최적의 조건에 관해 쉽게 파악할 수 있게 됐다.

재배 작물이 어느 정도의 온습도에서 잘 자라는지, 언제 병충해가 발생하는지, 어떤 조건에서 꽃이 피고 열매가 열리는지, 비료의 양에 따라 어떻게 작물의 생장이 변화하는지 등의 데이터가 작물을 처음 재배하는 김 박사에게는 스마트팜 선생님이나 다름없었다.

작물과 대화하라는 말은 매일매일 작물이 자라는 상태를 카메라로 촬영해 기록하고, 스마트팜에서 생성된 데이터와 비교하라는 것이다. 이렇게 꾸준히 하다 보면 작물이 잘 자랄 때의 조건과 그렇지 못할 때를 쉽게 알아낼 수 있다. 이를 위해 데이터를 분석할 수 있는 능력을 길러야 한다. 스마트팜 온습도의 변화 편차, 작물 생육에 미치는 환경 요인을 예측하는 데 필요한 통계와 확률을 공부하면 큰 도움이 된다. 타임랩스 기능이 있는 카메라나 CCTV에 타임랩스 기능을 설정하면 사진 이미지를 데이터로 저장해 비교, 분석할 수 있다.

데이터라고 해서 다 같은 데이터가 아니다. 양질의 데이터를 확보하려면 식물 생육과 관련된 다양한 센서를 설치해야 한다. 센서의 수가 많을수록 데이터가 많이 쌓여 더욱 정밀하게 분석할 수 있다. 스마트팜용 정밀 센서는 고가인 경우가 많으므로 직접 조립할 수 있는 MCU용 센서나 RS-485 방식의 산업용 센서를 추천한다. 물론 사용 방법은 스스로 익혀야 한다.

센서들로부터 얻은 데이터를 분석해서 스마트팜 운영에 활용하면 여러 이점이 있다. 작물의 생장 시점과 조건을 파악해 온습도와 빛, 비료 사용량을 조절하면 작물 생산량을 늘릴 수 있다. 수확 시기를 앞당기고, 비료 사용량은 줄일 수 있으니 경제성이 높아진다.

단순히 원격제어로만 스마트팜을 운영하고자 한다면 스마트팜이 가진 성능의 10퍼센트도 활용하지 못하게 된다. 원격제어라고 해도 기본은 수동제어다. 운영자가 상황 판단에 따라 직접 조작하는 방식이다. 이런 스마트팜에서는 어떤 환경적 변화에 의해 장치나 기기가 어떻게 작동하는지, 작물 생육에 어떠한 변화가 있는지 등을 과학적으로 분석하기 어렵다. 엄밀하게 말하자면 원격제어 장치만 있는 스마트팜은 스마트팜이라고 할 수 없다. 스마트팜은 작물 재배 공간에 설치된 장치가 설정 조건에 따라 자동으로 작동함으로써 작물 생육에 적절한 환경을 유지하는 것이 목적이자 목표다. 데이터는 장치들이 효율적으로 작동할 수 있도록 해주는 알고리즘을 만드는 재료가 된다.

세탁기를 스마트폰으로 세탁, 헹굼, 탈수 기능을 작동시키는 것은 원격제어다. 세탁물 종류에 따라 선택되는 세탁, 헹굼, 탈수 시간 조절 기능은 사용자가 버튼 하나만으로 작동시킬 수 있다. 세탁기 개발자들이 수많은 세탁 관련 데이터를 모아 만든 덕분이다. 결국 데이터가 장치들을 효율적으로 만든다.

스마트팜에서 만들어진 데이터뿐만 아니라 기상청 데이터, 농산물 가격 데이터 등을 함께 활용하면 좋다. 농산물 가격 변동과 기후 변동에 따라 농작물 수확 시기를 조정해서 가격이 가장 높은 시점에 판매할 수 있다.

다양한 재배 기법을 연구하고 도전하라

어떤 산업 분야든 초기에 투자할 때는 투입 비용 대비 생산량과 판매 수익을 따져보고 경제성이 있느냐 없느냐를 판단한다. 스마트팜 작물 재배에서는 유지 관리 비용과 에너지 비용이 가장 큰 투입 비용이다. 그래서 동일한 조건에서 유지 관리 비용과 에너지 비용을 절감할 수 있는 재배 방법을 늘 연구해야 한다. 재배 작물을 기존의 방식과 다른 방식으로 키울 수 있는 방법 등을 연구하면 경제성을 높일 수 있다. 일례로 드릅나무 새싹은 촉성재배(온실, 비닐하우스 등에서 자연 상태로 자라는 것보다 빨리 자라게 하는 방법)를 활용하면 노지에서보다 수확 시기가 빨라서 다른 사람들보다 비싸게 팔 수 있다.

스마트팜은 온실 환경을 다양하게 조절할 수 있다. 계절과 상관없이 에너지 비용을 최소화한 재배 방법으로 작물을 생산하면 고소득을 올릴 수 있으며, 스마트팜에 투자한 가치도 얻을 수 있다. 다층식 수경재배도 이런 시도와 관련 있다. 동일 면적에 공급되는 에너지 비용이 일정할 때 다층식으로 재배하면 생산량과 매출이 늘어난다. 스마트팜은 냉난방기, 펌프, 보조 인공조명 등을 제어할 수 있기 때문이다.

에너지 비용을 줄이는 방법도 있다. 지열이나 태양열을 이용한 냉난방장치, 풍력이나 태양광을 이용한 발전장치를 설치하면 전기와 기름이 덜 들어간다. 여기에 특수한 보온재나 차열 재료, 장치를 사용하면 최소한의 에너지로 작물을 생산할 수 있다. 더욱이 스마트팜 시스템을 구축해 이 모든 장치를 제어하면 항상 최적의 환경을 유지할 수 있다.

수경재배 방식이든 다른 새로운 재배 방식이든 간에 효율적으로 작물을 잘 키울 수 있는 방법을 찾으려고 노력한다면, 스마트팜이 매우 훌륭한 도구인 것만은 확실하다.

스마트팜의 기능을 확장하라

현재 우리나라 스마트팜은 작물을 생산하는 데만 활용하는 편이다. 농작물을 상품으로 출하하는 과정에 어떤 비용이 들거나 직접 출하하는 경우 높은 가격을 받기 어렵다. 농작물을 상품화하는 단계에서 필요한 장치들을 직접 만들어서 설치하면 좀 더 높은 가격을 받을 수 있다.

요즘 소비자들은 세척하거나 다듬어서 파는 농산물을 선호한다. 스마트팜을 직접 만들 수 있는 정도의 기술력이 있다면 스마트팜 시스템을 변형해 농작물 수확 컨베이어, 세척기, 포장기 등을 직접 만들 수 있다.

노르웨이에서 고등어를 잡을 때는 배에서 어부들이 그물을 직접 끌어올리는 방식이 아니라, 그물에 고등어를 가두고 커다란 진공흡입기가 고등어를 빨아들여 생선 상자에 바로 담는 방식으로 조업한다. 커다란 고등어잡이 배에 선원은 몇 명 되지 않는다. 배의 운항과 항해부터 고등어를 빨아들여 생선 상자에 담아 냉동창고로 운송되는 모든 과정이 스마트 시스템으로 되어 있다. 심지어 육지의 냉동창고와도 스마트 시스템으로 연결되어 있다.

이런 혁신을 농업 분야에서도 충분히 할 수 있다. 스마트팜의 기능을 수확 설비로까지 확장하면 농작물 수확 시기에 인력을 구하지 못해 겪는 어려움을 해결할 수 있다. 또 인건비가 줄고 세척이나 포장을 하나의 공간에서 바로 할 수 있으니 운반과 포장에 소요되는 시간과 비용도 줄어든다.

대체로 농작물의 유통 단계에서 비용이 올라가면서 소비자에게 전달될 때는 원산지보다 훨씬 비싼 가격에 판매된다. 만약 1차 가공 및 포장 시설을 스마트팜과 연동해 운영하면 거의 완제품으로 판매할 수 있으니 상품의 부가가치가 올라간다. 다양한 형태의 포장 시설을 갖추면 거래처 수요에 맞게 포장해 직거래할 수 있으며, 식자재 업체와 급식 업체 등 다양한 유통 채널을 확보할 수 있다. 아울러 농작물 관련 정보, 판매량과 판매처 데이터가 축적되어 판매량과 수익 정보를 쉽게 확인할 수 있다.

약용이나 화장품처럼 다른 분야에서 원재료로 사용하는 작물을 재배하는 농장은 작물의 세척과 1차 가공(작물에서 필요한 부분만 분리)을 통해 운반비를 줄일 수 있다. 가공 업체에서도 2차 가공만 하면 되므로 공정이 단순화돼 1차 가공 농산물을 더욱 선호할 것이다.

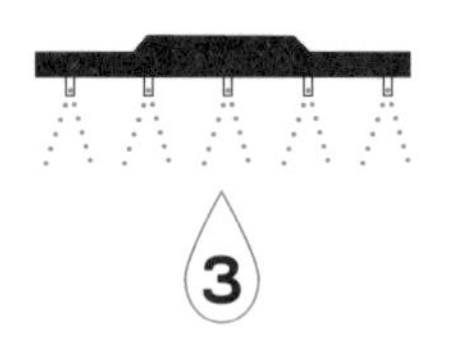

3

직업과 진로로서의 스마트팜

스마트팜을 미래 직업으로 고려하는 학생들이 있다. 스마트팜이 첨단화되면서 노동시간과 노동강도는 줄고, 여유 시간을 가질 수 있기 때문이다. 그 가운데 많은 학생이 공간에 상관없이 재배할 수 있는 수경재배 방식에 호기심과 관심이 높다. 미래 직업으로서 스마트팜과 관련된 진로를 고민하고 있는 학생들이 생각해보아야 할 몇 가지 사항을 알아보겠다.

수경재배는 나의 생활 반경이나 도시 근처에서 농업을 할 수 있다는 점이 가장 매력적이다. 또 본격적인 농사라기보다 작물의 생산자 또는 관리자에 가깝다는 것도 장점이다. 그러나 일상생활을 하면서 수입원이 될 수 있느냐는 별개의 문제다. 최근 스마트팜을 하는 몇몇 청년 농부를 보면 일하는 시간에 비례해 수입에 만족하고, 겸업을 하거나 스마트팜과 관련된 다양한 분야의 전문성을 높이면서 높은 소득을 올리고 있다.

물론 적정한 수입의 기준은 개인마다 다르다. 일부 청년 농부는 사람으로부터 받는 스트레스가 적어서 농사를 하고 있다고 말한다. 스마트팜 운영을 직업으로 선택할 것인가는 경제적인 이유뿐만 아니라 개인의 성향과 목적을 살펴보고 결정해야 한다.

현실적인 부분을 고려해 조심스럽게 선택해야 겠지만, 전문가들은 스마트팜 관련 직업이 미래에 경제적 가능성이 매우 높은 직업이라고 본다. 다만 스마트팜의 장점에 전문가로 거듭나기 위한 노력을 더한다면 그 가능성은 더욱 넓어질 것이다.

인류가 생존하는 데 농산물과 음식은 꼭 필요하기에 농업은 계속될 수밖에 없다. 지금처럼 기후변화가 심화되면 작물들이 잘 자라지 못하고 생산량이 적어져 가격이 폭등하기 마련이다. 스마트팜은 이러한 기후변화에도 안정적으로 작물을 생산할 수 있다.

스마트팜 재배 기술의 첨단화는 인건비를 줄여준다. 발달하는 기술과 수요에 맞는 작물을 재배하면 안정적으로 생산하고, 과잉생산에 의한 가격 하락에 대비할 수 있다. 스마트팜에서 사용되는 에너지절감 기술이 발전하면 재배환경을 인위적으로 조절하여 다양한 작물을 재배할 수 있다.

수경재배 방식의 스마트팜은 생산지 중심에서 수요처 중심으로 바뀔 것이다. 그러면 작물을 기르는 농부에서 작물 생산 기술자 같은 직업으로 진화하게 된다. 요즘 우리나라는 중동 지역에 컨테이너 스마트팜과 식물 공장을 수출하고 있다. 스마트팜 기술은 수출이 가능하고, 이런 기술을 가지고 전 세계 어디에서나 직업을 찾을 수 있다.

마지막으로 지능형 스마트팜에 필요한 빅데이터 분석과 인공지능 기술까지 습득하면 스마트팜 작물 재배 분석가, 컨설턴트 등 새로운 직무 분야에서 일할 수 있다.

미래 직업으로서 스마트팜 관련 분야

스마트팜의 수요가 지속적으로 늘면 새로운 직업 수요가 만들어질 것이다. 스마트팜 온실과 작물 재배 공간의 건축 및 시설 분야, 스마트팜 시스템의 첨단화, 바이오 원료 생산 시설 관련 분야가 있다.

우리나라는 비닐하우스 온실 중심의 스마트팜이 대부분을 차지하고 있다. 2024년 7월부터 새로운 법이 시행되기 전 농지법에 따른 제약과 비용 때문이다. 그렇다 보니 스마트팜이 만족할 만한 성능을 기대하기 어렵고, 단열과 차열 성능이 낮아 냉난방을 위한 에너지 비용이 많이 들었다. 앞으로는 다양한 단열과 차열 성능이 있는 스마트팜 온실이 만들어지겠지만, 건축물 형태로 온실을 구축하면 투자비도 높아지기에 비닐하우스 온실은 계속 사용될 것이다.

스마트팜에 필요한 온실은 주로 비닐하우스 위주의 온실 설치 업체들이 구조를 만든 탓에 온실 성능을 개선하기 위한 기술이 잘 개발되지 않고 있다. 더욱이 농자재 분야의 수요가 적어서 농자재 관련 업체들 역시 경제성을 이유로 개발에 적극적이지 않다. 그래서 스마트팜에 필요한 다양한 농자재를 사기 쉽지 않고 비싼 편이다.

스마트팜을 도입할 때도 이런 점이 큰 난관이다. 스마트팜 시스템에 소요되는 비용보다 온실과 필요한 시설을 설치하는 비용이 높고, 피복재는 빛 투과성을 높이기 위해 일정 기간 사용하고 나면 교체해야 해서 추가 비용이 든다. 이런 상황을 극복하는 방법은 건축이나 건축 설비, 에너지 시설과 관련해 성능과 효율성이 높은 온실, 온실 개발 분야로 사업을 확장하는 것이다. 스마트팜 온실 건축 및 시설 설치 분야도 직업으로서 장래성이 있다. 최근 법규가 개정되면서 산업단지 안에 수직농장을 설치할 수 있게 되었다. 이에 따라 식물공장 건축 및 설비 분야가 활성화되고 관련 인력 수요도 증가할 것이다.

스마트팜 시스템에 사용하는 장치가 더 발전해야 한다. 일례로 대부분의 구동기기가 On · Off, Forward · Backward 제어 방식이다. 지금보다 더 미세하게 조절할 수 있는 구동기기를 개발하고, 전기 소모량이 크고 미세한 제어가 어려운 전기제어보다 전자제어를 할 수 있는 컨트롤러를 제작해야 한다.

현재 사용하고 있는 스마트팜 시스템 프로그램의 알고리즘도 단순하다. 좀 더 복잡한 계산에 의한 정밀제어 프로그래밍, 빅데이터에 의한 분석과 추론, 인공지능에 의한 지능형 제어와 같은 성능을 향상시켜야 한다. 수경재배, 컨테이너 스마트팜, 식물공장 등 다양한 작물 재배 기법과 재배 공간 수요에 맞는 기술 인력, 작물 재배에 적합하지 않은 기후 환경을 가진 나라에 적합한 스마트팜 시설도 개발해야 한다. 이에 따라 전기 · 전자, 프로그래밍, 빅데이터, 인공지능 관련 개발 분야의 수요가 커지고 있다. 해외에 진출한 한국형 스마트팜의 유지 보수 같은 업무를 수행할 기술 인력이 필요해지면서 스마트팜 제어, 데이터, 인공지능 같은 분야의 직업이 각광받을 것이다.

앞으로는 작물에서 필요한 부분의 생장만 촉진하거나 병충해에 강한 작물로의 개량, 기후변화에 적응할 수 있는 품종을 개발하기 위한 조직배양과 인공작물 재배 관련 기술 개발이 증가할 것이다. 또 친환경에너지 원료, 바이오 의약품과 화장품 등의 원료가 되는 작물 재배의 경제성이 높아지면 스마트팜은 이와 관련된 작물을 생산하는 시설로 그 쓰임새가 확장될 것이다. 따라서 농업 분야 이외에 생물 및 바이오 관련 기업에서 영역을 확장하면 스마트팜에서 바이오 원료 연구와 개발, 재배 관련 시설 설치와 기술 지원, 청정 환경 유지 등을 할 수 있는 인력이 필요해진다.

전국 대학에 설치된 스마트팜 관련 학과와 진로

스마트팜 학과를 운영하는 대학들이 있다. 2024년 기준 스마트팜학과, 스마트팜농산업학과, 스마트팜 융합전공, 스마트팜공학과, 스마트팜과학과, 스마트팜생명과학과 등의 학과가 있는 4년제 대학이 아홉 곳, 전문대학이 열 곳이다. 농학, 원예, 조경 관련 학과에서도 스마트팜 관련 교육 과정이 있는 대학이 있다. 국립한국농수산대학교에는 원예환경시스템 전공이 있다.

이런 학과에는 몇 가지 공통 커리큘럼이 있다. 열의를 가지고 착실하게 배운다면 스마트팜을 운영하고 관련 기업에 취업할 수 있을 정도로 괜찮은 커리큘럼이다.

기초과목으로 생물, 화학, 물리, 통계를 배운다. 스마트팜의 기초 분야로 스마트 농업 및 스마트팜 개론, 스마트팜 산업의 이해, 전기시퀀스(전기·전자 기초), 식물병리학, 시설원예, 식물생리학, 식물생화학, 식물세포학 등도 있다. 스마트팜 시설 및 시스템 분야에는 스마트팜 시설(시설하우스), 환경 시스템 및 센싱 기술, 복합 환경 제어, IoT 기초, IoT 응용, ICT 스마트 기술, 식물공장 개론 등이 있다. 스마트팜 작물 재배 분야에서는 수경재배, 시설 양묘재배, 식물 조직 배양, 농업 기상, 식물 재배학, 바이오 시스템 등을 배운다.

스마트팜 작물 관리 분야로는 종자 육묘 관리, 토양 및 양액 관리, 생리장애 및 병충해 관리, 작물 관리 기술, 작물 생산 시스템, 재배 관리 등을 배우며, 스마트팜 빅데이터 및 인공지능 분야로는 빅데이터 분석, 빅데이터 활용, 인공지능, 생체 영상 처리, 스마트팜 산업 및 경영 분석 등을 배운다.

고등학생은 스마트팜 관련 학과에 진학하면 스마트팜 운영, 스마트팜 관련 기업 취업을 목적으로 작물 재배와 관련된 교육을 심도 있게 배울 수 있다. 그러나 식물이나 작물에 대한 관심은 높지 않은데, 스마트팜의 시설, 시스템 기술,

데이터 및 인공지능 기술 등 특정 분야에만 관심이 높다면 향후 취업 진로 변경을 고려해야 한다. 이를 위해 해당 분야의 전공과 대학을 선택하고, 스마트팜 관련 부분은 따로 배우는 것을 추천한다.

재학 중 스마트팜에 관심이 생겨서 스마트팜을 운영하거나 스마트팜 개발 및 기술 관련 업체에 취업하고자 하는 대학생은 본인의 전공 분야와 스마트팜과의 접점을 찾아서 그 분야를 중점적으로 학습하는 것이 좋다. 스마트팜은 종합 학문이기에 겹치지 않는 분야가 없을 정도다. 농업이나 스마트팜 관련 학과를 가지 않아도 본인의 전공을 우선하면서 스마트팜과 관련된 부분을 학습하는 것이 바람직하다. 예를 들어 스마트팜과 수경재배 관련 기술은 다른 분야의 기술과 원리를 토대로 개발하는 경우가 많다. 수경재배 분야가 발전하면서 수경재배 전용 비료가 앞다투어 개발되고 있다. 화학을 전공한 학생이 스마트팜에 관심이 생기면 이런 비료 회사에 취업할 수 있다.

농지가 있거나 국가나 지방자치단체에서 지원하는 임대형 스마트팜을 운영할 계획을 가진 사람에게는 스마트팜 학과에 진학하는 것을 권한다. 작물 재배 관련 지식과 기술은 스마트팜 학과에서 집중적으로 배울 수 있기 때문이다. 농학이나 원예계열 학과에서 스마트팜 과목을 가르치고 있고, 대학원 과정도 운영하고 있으므로 현재 재학 중인 대학생은 복수 전공이나 대학원 과정에 진학해 스마트팜에 필요한 분야를 전공할 수 있다.

마지막으로 고등학생이든 대학생이든 스마트팜을 운영하고 전문성을 높이고 싶다는 목적을 가진 학생에게는 학비가 전액 지원되는 국립한국농수산대학교를 추천한다. 2024년부터 편입학 전형이 신설되어 대학생도 편입학할 수 있고, 대학교를 졸업한 사람은 신입학을 통해 입학할 수 있다. 국립한국농수산대학교는 전액 국비 지원을 받는 대신 6년간 의무 영농 이행 조건이 있다. 등록금은 물론이고 기숙사비와 식비까지 모두 지원받는데, 의무영농을 하지 못하게 되는 경우 지원받은 학비를 상환해야 한다.

의무영농의 인정 범위는 농수산 관련 1차 생산업 및 2차 가공업이며, 체험농장 운영 등 일부 3차 서비스업도 포함된다. 영농조합법인, 농업회사법인 등 농어업 법인 취업 및 농어업 관련 업체나 단체, 국외 농어장, 국제 봉사 활동 등도 인정되나 공무원, 국가기관이나 지자체의 정규직 또는 공무직, 농협, 수협, 축협에서 직원으로 근무한 경력은 인정되지 않는다.

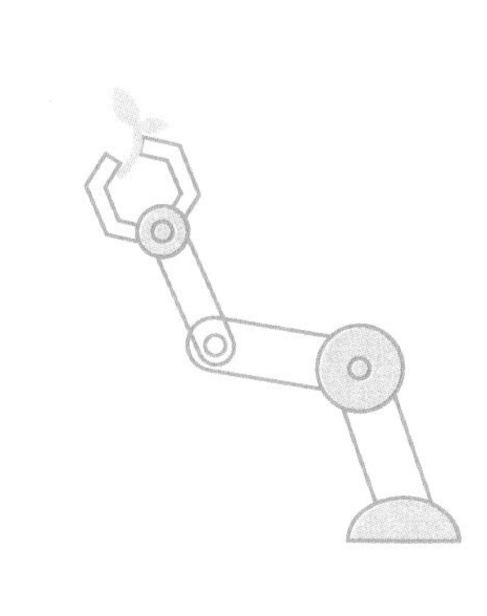

한 권으로 끝내는 스마트팜 만들기

IoT를 활용한 스마트팜 DIY

1판 1쇄 인쇄 | 2025년 3월 11일
1판 1쇄 발행 | 2025년 3월 18일

지은이 | 김정규

펴낸이 | 박남주
편집자 | 박지연
디자인 | 남희정
펴낸곳 | 플루토

출판등록 | 2014년 9월 11일 제2014-61호
주소 | 07803 서울특별시 강서구 마곡동 797 에이스타워마곡 1204호
전화 | 070-4234-5134
팩스 | 0303-3441-5134
전자우편 | theplutobooker@gmail.com

ISBN 979-11-88569-80-9 03520

• 책값은 뒤표지에 있습니다.
• 잘못된 책은 구입하신 곳에서 교환해드립니다.